环境工程专业实验系列教材

固体废物处理实验

杨金美　王元芳　宋明君　主编
臧彦强　雷海波　副主编

清華大学出版社
北　京

图书在版编目（CIP）数据

固体废物处理实验 / 杨金美，王元芳，宋明君主编. 北京 ：清华大学出版社，2024. 7. --（环境工程专业实验系列教材）. -- ISBN 978-7-302-66423-9

Ⅰ. X705-33

中国国家版本馆 CIP 数据核字第 20248G9A58 号

责任编辑：袁　琦
封面设计：何凤霞
责任校对：赵丽敏
责任印制：刘　菲

出版发行：清华大学出版社
网　　址：https://www.tup.com.cn，https://www.wqxuetang.com
地　　址：北京清华大学学研大厦 A 座　　**邮　　编**：100084
社 总 机：010-83470000　　**邮　　购**：010-62786544
投稿与读者服务：010-62776969，c-service@tup.tsinghua.edu.cn
质量反馈：010-62772015，zhiliang@tup.tsinghua.edu.cn
印 装 者：三河市铭诚印务有限公司
经　　销：全国新华书店
开　　本：185mm×260mm　　**印　　张**：8.5　　**字　　数**：206 千字
版　　次：2024 年 7 月第 1 版　　**印　　次**：2024 年 7 月第 1 次印刷
定　　价：40.00 元

产品编号：098965-01

编者名单

主　　编：杨金美　王元芳　宋明君

副 主 编：臧彦强　雷海波

编　　者：陈　刚　耿启金　刘　莹　郑师梅　孙锦红

王双庆　王　梅　宫　斌　伊　玉

参编单位：潍坊学院

潍坊市园林环卫服务中心

天津农学院

潍坊市生态环境局坊子分局

山东绿水青山检测科技有限公司

潍坊环境工程职业学院

前言

PREFACE

党中央、国务院高度重视固体废物污染防治工作。党的十八大以来,以习近平同志为核心的党中央作出了一系列重大决策部署,我国生态环境保护从认识到实践发生了历史性、全局性变化。固体废物管理与大气、水、土壤污染防治密切相关,是整体推进生态环境保护工作中不可或缺的重要一环。2018 年 6 月,中共中央、国务院印发《中共中央　国务院关于全面加强生态环境保护坚决打好污染防治攻坚战的意见》,对全面禁止洋垃圾入境,开展“无废城市”建设试点等工作作出全面部署。2020 年 4 月 29 日,十三届全国人大常委会审议通过了修改后的《中华人民共和国固体废物污染环境防治法》,并于 2020 年 9 月 1 日施行。2021 年 11 月印发的《中共中央　国务院关于深入打好污染防治攻坚战的意见》明确要求加强固体废物和新污染物治理,推动在重点区域、重点领域、关键指标上实现新突破。2022 年 10 月习近平总书记在第二十次全国代表大会上强调要实施全面节约战略,推进各类资源节约集约利用,加快构建废弃物循环利用体系,倡导绿色消费,推动形成绿色低碳的生产方式和生活方式。统筹推进固体废物“减量化、资源化、无害化”,坚持绿色、循环、低碳的发展理念,既是改善生态环境质量的客观要求,又是深化生态环境工作的重要内容,更是建设生态文明的现实需要。

2022 年,全国一般工业固体废物产生量为 41.14 亿 t,综合利用率 57.62%,危险废物产生量 9514.80 万 t。生活垃圾清运量 2.4445 亿 t,其中无害化处理量 2.4419 亿 t,无害化处理率达 99.9%(《中国统计年鉴 2023》)。随着垃圾分类和一系列政策的实施,固体废物处理处置与资源化技术发展迅速。因此,本书结合固体废物(简称“固废”)处理与处置的理论课程,以应用性为主,在充分吸收相关科研成果的新观念、新设备、新经验的基础上,增加思考性、设计性和综合性实验,内容体系上涵盖了固体废物的基本理化性质测定、固废处理和资源化实验、土壤性质测定和修复及综合设计实验,选编了包括固体废弃物收运路线设计、采样制样、基础理化性质、预处理、热处理、生物处理、资源化利用、固化和稳定化、模拟填埋等 30 余个实验,增加了污泥资源化利用系列创新实验和污染土壤监测修复实验;教材编写贯穿了固体废物的全过程管理理念,基本涵盖了固废处理的常规技术,又增加了部分固废资源化新技术的应用实验,将环境工程热点问题转化为实验内容。学生在学习中从污染物基础理化性质的测定到处理技术的学习,再到综合设计解决实际问题,层层递进,逐步提高分析问题、解决问题的能力,提高综合设计能力和创新能力。本书适用于高校环境工程、市政工程、环境科学、资源与环境等相关专业的实验教学，也可供环境相关技术人员参考。

本书第一章和第二章由刘莹博士、杨金美博士编写，第三章由王元芳博士、杨金美博士、耿启金教授、臧彦强副高级工程师、雷海波高级工程师、郑师梅博士和王双庆工程师编写，第四章由陈刚博士、王元芳博士、宫斌和伊玉编写，第五章和第六章由陈刚博士、杨金美博士、王元芳博士、王梅副教授、孙锦红编写。全书由杨金美博士和宋明君教授负责统稿。（本教材的出版得到了潍坊学院“潍院学者”建设工程项目、潍坊学院化学工程与技术重点学科、山东省自然科学基金项目（ZR2017MB057）的资助。）教材编写过程中，得到了潍坊学院教务处和化学化工与环境工程学院、潍坊市园林环卫服务中心、天津农学院、潍坊市生态环境局坊子分局、山东绿水青山检测科技有限公司、潍坊环境工程职业学院等单位的支持。教材编写过程中，参照引用了同行业人员的有关文献以及有关标准中的内容，在此谨向这些作者们表示衷心的感谢。

由于编者水平有限，不当和疏漏之处在所难免，敬请读者、同行批评指正。

杨金美

2024 年 5 月

目录

CONTENTS

第一章 教学目的和要求 …… 1
第二章 实验室安全操作与管理 …… 5
第三章 固体废物理化性质分析 …… 9
实验一 城市生活垃圾采样和物理组分测定 …… 9
实验二 固体废物中碳氮比值的测定 …… 13
实验三 校园垃圾基本化学和生物性质的测定 …… 18
实验四 生活垃圾热值的测定 …… 24
实验五 煤中碳、氢、氮元素含量的测定 …… 28
实验六 粉体密度和堆积密度测定 …… 32
实验七 活性污泥生物相观察实验 …… 36
实验八 污泥中氧化物含量的测定 …… 39
实验九 固体废物中镉元素含量的测定 …… 42
实验十 蔬菜水果中农药残毒的测定 …… 45
实验十一 红外光谱测定环境有机化合物结构实验 …… 48
实验十二 紫外分光光度法测定溶剂对化合物吸收峰的影响 …… 53
第四章 固体废物处理实验 …… 56
实验一 固体废物的破碎与筛选 …… 56
实验二 固体废物的重介质分选 …… 59
实验三 污泥脱水——超声波预处理实验 …… 62
实验四 利用城市生活污水污泥制备陶粒的配方分析实验 …… 64
实验五 污泥陶粒重金属浸出浓度的测定 …… 68
实验六 污泥陶粒样品形貌的表征 …… 71
实验七 污泥好氧堆肥实验 …… 74
实验八 厨余垃圾湿式厌氧发酵实验 …… 76
实验九 城市污泥的热解产气实验 …… 79
实验十 土壤重金属解吸动力学分析 …… 82
实验十一 粉煤灰的资源化利用实验 …… 84

实验十二　纤维素基水凝胶的制备及吸水性测定 …………………………………… 86
实验十三　淀粉接枝丙烯酰胺的制备及絮凝性测定 ………………………………… 92
实验十四　电子废弃物资源化处理 ……………………………………………………… 97
第五章　土壤理化性质测定及污染修复 …………………………………………… 100
实验一　土壤基本固体组分的溶蚀剥离 ……………………………………………… 100
实验二　土壤样品颗粒粒度分析实验 …………………………………………………… 102
实验三　校内花园土壤中的有机质含量分析 …………………………………………… 104
实验四　危险废物的水泥固化实验 ……………………………………………………… 106
第六章　综合设计实验 ……………………………………………………………… 111
实验一　校园生活垃圾渗滤液填埋气监测实验 ………………………………………… 111
实验二　生活垃圾堆肥化及腐熟度测试 ………………………………………………… 115
实验三　区域内生活垃圾收运路线的设计 ……………………………………………… 122
参考文献 ……………………………………………………………………………… 125

第一章

教学目的和要求

一、固体废物处理实验的学习目的和要求

“固体废物处理实验”是环境工程专业的一门实践性必修课，是“固体废弃物的处理与处置”课程的配套实验指导书，是环境工程技术人员解决固体废弃物污染处理中各种问题的重要依据。

1. 本课程的学习目的

(1) 掌握实验所用仪器设备的构造、流程、原理及实验操作方法，加深对基本概念的理解；巩固新的理论知识。

(2) 初步掌握固废实验的研究方法和基本测试技术，进而了解如何进行实验方案的设计。

(3) 能够独立进行实验，包括装配和调节实验装置，观察实验现象，记录、处理、归纳分析实验数据，综合分析实验结果，做出正确的实验报告，运用实验成果验证已有的概念和理论等。

2. 本课程的学习要求

(1) 通过实验操作、现象观察和数据处理及分析，加强学生动手能力的培养，锻炼学生针对问题“归纳”“演绎”的逻辑思维方法，进一步培养自主学习、理性探索和科学创新的能力。

(2) 培养学生实验过程中实事求是的科学态度和严肃认真、一丝不苟的科学作风。忠于所观察到的实验现象，养成严谨、细致、认真、整洁的良好实验习惯。树立求真务实的科学价值观，塑造“科技兴国”的理想信念和家国情怀。

二、固体废物处理实验的学习方法

学生必须按照相应的实验教学程序进行实验。

1. 实验预习

为完成每个实验，学生必须在课前认真阅读实验教材，清楚地了解实验项目的目的和要求、实验原理和实验内容，写出简明的预习提纲，熟悉相应玻璃仪器的操作规范。预习能够帮助学生理解实验原理，了解实验内容，熟悉操作步骤，有利于完成实验和达到较好的实验效果。实验预习的具体要求是：

(1) 了解实验的目的、要求，掌握实验原理。

(2) 了解实验设备、实验操作步骤及有关注意事项。

(3) 按照实验指导书要求，掌握玻璃仪器的操作规范，明确实验任务。

(4) 掌握测取实验数据的方法，并设计原始实验数据记录表格。

(5) 和同组同学进行讨论，商讨实验过程中的关键步骤和相互配合等问题。

(6) 对实验小组成员进行适当的分工。

2. 实验操作过程

正确规范地进行实验操作是实验成功的关键。学生必须认真按照实验流程按部就班地进行实验操作。具体要求如下所述：

(1) 实验进行之前，应检查所需设备、仪器是否齐全和完好，包括固定安装设备和设施、临时安装设备、移动设备等。对动力设备(如离心泵、压缩机等)进行安全检查，保证设备正常运转及人身安全，确保实验的圆满完成。

(2) 实验操作过程中必须严格遵照操作规程、实验步骤及操作注意事项。实验过程必须穿实验服，带好实验记录本、实验预习报告和教材。

(3) 实验操作中，注意玻璃仪器的使用规范、准确。

(4) 实验操作中，如果需要分步、分工地测取数据，应当使参与实验的学生在实验小组内进行交换操作，确保每位学生均能得到全面的实验操作训练，有利于学生对整个实验过程的全面了解和参与。

(5) 为测取正确的实验数据，需要注意数据的准确性和重现性。只有当数据测取准确后，方能改变操作条件，进行另一组数据的测取。

(6) 若在操作过程中发生故障，应及时向指导老师及实验室工作人员报告，以便及时进行处理。

(7) 实验过程中注意实验安全。尤其是进行垃圾渗滤液收集处理等实验时，产生沼气的实验过程需格外注意实验安全。

(8) 实验数据全部测取完，经指导老师检查通过后，方可结束实验。

(9) 实验结束后归还所借仪器仪表，恢复设备原始状态。清洗所有玻璃仪器，将所有物品回归原位。实验废液倒入废液桶，整理桌面和地面，指导老师检查通过后，方可离开。

3. 实验数据的读取

正确读取实验数据是实验操作的重要步骤，其关系到实验结果正确与否。规范地记录实验数据是防止实验数据产生误差的有效方法之一，其步骤及要求如下所述：

(1) 实验操作开始之前应拟好实验数据记录表格(在预习时准备)，表格中应标明各项物理量的名称、符号及单位。实验记录要求完整、准确、条理清楚。

(2) 实验数据一定要在实验系统稳定后才可读取和记录。由于测试仪表存在滞后现象，条件改变后往往需要一段时间稳定，不能一改变条件就读取数据，这样会降低所测得的数据的可靠性，应在新的条件稳定后才能读取和记录数据。

(3) 同一条件下至少要读取 3 次数据，且只有当 3 次读数相近时，才能改变操作条件继续进行实验。实验测取的数据，应及时进行复核，以免发生读数或记录数据的错误。如读数和记录是两人分头进行的，则记录数据的同时还需往复读数。

(4) 数据记录必须真实地反映仪表的精度。一般记录至仪表最小分度下一位数。根据仪器的精确度，通常记录数据中的末位数是估计数字，例如温度计读数刚好为 10℃时，则数据应记为 10.0℃，而不是记为 10℃。

(5) 记录数据要以当时的实际读数为准，如规定的水温为30.0℃，读数时实际水温为30.5℃，就应该读记为30.5℃。如果数据仍稳定不变，该数据每次都应记录，不留空格，如果漏记了数据，应该留出相应的空格。

(6) 实验过程中，如果出现不正常情况以及数据有明显误差，应在备注栏中加以说明。

(7) 读取数据后，应该分析其是否合理，如果发现不合理情况，应立即分析原因，以便及时发现问题并加以处理。

(8) 不得擅自更改实验测试的原始数据。

4. 实验数据的处理

通过实验取得大量数据以后，必须对数据做科学的整理分析，去粗取精、去伪存真，以得到正确可靠的结论。同时，为求得各物理量间的变化关系，往往需要记录多组数据。在实验中，可以将每一参数相同条件下多次测定的结果求取平均值。实际上测量次数有限，由此得出的平均值只能近似于真值，可以将误差用绝对误差和相对误差来表示。测量中，某测量值与其真值之差称为绝对误差。绝对误差与被测量真值(或平均值)之比乘以100%所得的数值称为相对误差。同时，在整理实验数据时，应注意有效数字及误差理论的运用，有效数字通常由测量仪表的精确度决定，一般应记录到仪表最小刻度的十分之一位。

在实验中，由于测量仪表和人为的观察等方面的原因，实验数据总存在一些误差。因此，在整理数据时，首先应对实验数据的可靠性进行客观评定，进行相应的误差分析。误差分析的目的是评定实验数据的准确性，通过误差分析，可以了解误差来源及其影响，并设法排除数据中所包含的无效成分，还可进一步改进实验方案。在实验中需要注意哪些是影响实验精确度的主要方面，细心操作。

误差一般可以分为3类：

(1) 系统误差是指由于测量仪器不良，如刻度不准、零点未校准；或测量环境不标准，如温度、压力、风速等偏离校准值；实验人员习惯和偏向等因素引起的误差。这类误差在一系列测量中具有重复性和单向性，数值大小系统偏高或系统偏低且有固定规律，经过精确的校正可以减少或者消除。

(2) 随机误差(也称偶然误差)：是由一些不易控制的因素引起的误差，如测量值的波动、肉眼观察欠准确等。这类误差在一系列测量中的数值和符号是不确定的，而且无法消除，但其遵循统计规律。

(3) 过失误差：主要由实验人员粗心大意，如读数错误、记录错误或操作失误所致。这类误差往往与正常值相差较大，应在整理数据时加以剔除。

5. 实验报告的编写

将实验结果整理编写成一份实验报告，是实验教学必不可少的组成部分。这一环节的训练极为重要，是今后写好科学论文或科研报告的基础。实验报告是一次实验的总结，能直接反映学生对实验原理、实验操作技能、实验数据处理、实验结果讨论等方面知识的掌握情况。通过编写实验报告，可提高学生分析问题和解决问题的能力。实验报告应坚持以科学的态度及实事求是的精神进行编写，必须依据所得实验数据以及观察到的现象，并对实验结论和思考题进行讨论，不能篡改或凭臆想推测修改数据。

实验报告一律使用学校规定的报告纸书，编写实验报告的具体要求如下：

(1) 实验题目。

(2) 报告人姓名、学号及所在小组，实验日期。

(3) 实验目的。

(4) 实验原理。

(5) 实验装置流程图及实验过程设备及试剂的规格、型号说明。

(6) 详细的实验步骤。

(7) 实验数据原始记录表(注意采用表格格式)。

(8) 实验数据的整理，包括计算数据、结果及误差分析。

(9) 实验结果的表述(可用图示法、列表法及经验式表示)。

(10) 实验结论与思考题、问题的分析与讨论。

实验报告要求参加实验的同学独立完成，每人一份，并以此作为实验考核的重要依据。

三、固体废物处理实验的成绩评定

“固体废物处理实验”课程采取综合评定的办法给出实验成绩，由平时成绩和期末成绩构成。平时成绩的评定包括考勤、实验预习、实验操作规范、实验数据记录、实验态度和实验报告。学期初根据学时选择实验次数，所有实验报告的平均分为实验报告得分。实验态度采用组内学生互评的方式给出分数，以鼓励学生相互监督和评价。

第二章

实验室安全操作与管理

安全是教育事业不断发展、学生成长成才的基本保障。高校实验室是开展科研和教学实验的固定场所和重要基地，体量大、种类多、安全隐患分布广，包括危险化学品、生物、机械、电气、易制毒制爆材料等，重大危险源和人员相对集中，安全风险具有累加效应。

实验室的安全管理是实验工作正常进行的基本保证。随着我国经济及各学科的快速发展，各类实验室无论从数量上还是科研硬件上都有很大的发展，但实验室安全问题也随之而来。实验室火灾、爆炸、人员伤亡和中毒等事故的频发给大家敲响了实验室安全问题的警钟。因此，为了更好地使实验室为教学和科研服务，为大学生服务，实验室的安全问题应排在第一位，只有安全才能使实验室各项工作得以顺利进行。

一、实验室的安全问题

1. 实验室物品及环境的安全

实验室物品可能存在的安全隐患：

(1) 操作间与仪器间无温湿度仪，实验环境条件不清楚。

(2) 无“三废”收集处理装置，对环境造成威胁。

(3) 实验室墙壁脱落，地面粗糙不平，杂物乱放，台面凌乱，环境感官不佳，有粉尘污染实验的风险。

(4) 实验室无强制通风设备，无防火、防水、防腐和急救设施，有人身安全风险。

(5) 废旧和长期停用设备未清出检测现场，有误用风险。

(6) 检测工作时无环境条件记录，检测结果无法复现。

(7) 微生物实验室的物流与人流未分开，一更、二更和三更不规范，有交叉污染风险。

(8) 致病性微生物实验室无生物安全装置，对操作人员有病毒感染风险。

(9) 相互有影响的工作空间没有有效隔离，影响检测结果准确性。

(10) 办公室、检测室、仪器室混用，相互交叉污染，存在安全隐患和实验结果准确性风险。

2. 实验室仪器的安全

为满足检测项目的要求，实验室需配备各种大型的精密仪器。实验室应有应急动力供应系统，否则在仪器使用中如果突然停电，易造成仪器设备损坏。实验室内消防应急设备、仪器防静电接地、排风设施、仪器标志应齐全有效。

实验室仪器设备可能存在的风险：

(1) 相互有影响的仪器设备放置在一起，相互干扰，造成测量数据不准。

(2) 仪器设备长期不校准/检定，准确性无保障。

(3) 仪器设备不做定期核查，性能不可掌控。

(4) 仪器设备无状态标识或标识混乱，容易错用。

(5) 仪器设备无安全保护装备，对操作员有安全风险。

(6) 气瓶没有分类储存，无固定和防漏设施，有爆燃隐患。

(7) 仪器设备气路交叉杂乱，有火灾安全隐患。

(8) 仪器设备使用无记录，出现异常无法溯源。

(9) 仪器设备档案信息不全，对维护造成困难。

(10) 仪器设备无强排风装置，对操作人员有伤害。

3. 实验室检验人员的安全

实验过程中的每一个细节都决定着实验结果的好坏，甚至实验人员的安全。特别是公共实验安全部分，个人的不良实验习惯或者不安全操作，会直接影响他人，应足够重视，并积极改正。

实验室人员的不良实验习惯：

(1) 取用有刺激性气味和有毒有害药品实验时，不佩戴防护用品或未在通风橱里进行。

(2) 取用腐蚀性药品时，不佩戴防护用品。

(3) 取用化学试剂时，用手直接拿取。

(4) 药匙使用不规范，一匙多用、药匙用后未及时清洗干净放回公共区域，药品取用后，直接把药匙放在药瓶里；药品取用后，未将试剂瓶二层盖盖回；实验剩余的药品放回原瓶，或者随意丢弃，或直接拿出实验室，未放至指定的容器内。

(5) 样品散落在天平或者台面上不及时清理，会对天平造成腐蚀或者给他人留下潜在危险。

(6) 实验室用的抹布，随用随丢，成为实验室最危险的毒物。

(7) 戴着防护手套的手，到处乱摸门把手、电梯按钮等公用设施。

(8) 手里拿着反应容器在实验室到处乱逛。

(9) 配制溶液，不在盛药品的容器上贴标签、注明名称和溶液浓度。

(10) 向下水道倾倒大量有机液体，导致可燃挥发物充斥下水道，有些有机物还会腐蚀管路。

(11) 玻璃碎片、微量进样器针头、一次性滴管、离心管等未分类处理，混在生活垃圾内。

(12) 实验室内随意私接插座，插线板散乱放在地上。

(13) 使用过的化学试剂空瓶，不进行固定摆放。

(14) 通风橱内大量试剂凌乱堆放阻碍空气流通，降低通风橱效率。实验室马弗炉放置在通风橱中存在一定安全隐患，可能损坏通风橱设备等。

4. 实验室排放物对环境的安全隐患

在实验过程中会产生大量的废液、废气和废物，实验室已成为了一个不可忽视的污染源。过期或失效的有机试剂及强酸碱腐蚀药品，含有多种有毒、有害物质，若不经妥善处理，在未达到规定排放标准的情况下而排放到环境(大气、土壤、水)中，很容易污染环境，破坏生态平衡和自然资源。

5. 实验室的用电安全

实验人员用电不当而引起火灾的现象十分普遍，尤其对存有易燃易爆药品的实验室非常危险。分析原因有：忘记断电；仪器操作不慎或使用不当；供电线路老化、超负荷运行；烟头引起火灾；防毒、防爆设施不全。

二、危险化学品存放

根据国务院《危险化学品安全管理条例》第三条的规定，危险化学品主要是指具有毒害、腐蚀、爆炸、燃烧、助燃等性质，对人体、设施、环境具有危害的剧毒化学品和其他化学品。对高校和科研院所而言，按照理化性质和危害特点，实验室常用的危险化学品包括爆炸品、压缩气体和液化气体、易燃液体、易燃固体、自燃物品和遇湿易燃物品、氧化剂和有机过氧化物、毒害品、腐蚀品等。其事故种类有火灾、爆炸、中毒和窒息、灼伤、毒气或毒液泄漏等。

1. 危险化学品的分类和特性

根据《危险货物分类和品名编号》(GB 6944—2012)、《危险货物品名表》(GB 12268—2012)、《化学品分类和危险性公示　通则》(GB 13690—2009)，将危险品分为9类。

(1) 爆炸品：①有整体爆炸危险的物质和物品；②有迸射危险，但无整体爆炸危险的物质和物品；③有燃烧危险并有局部爆炸危险或局部迸射危险或这两种危险都有，但无整体爆炸危险的物质和物品；④不呈现重大危险的物质和物品；⑤有整体爆炸危险的非常不敏感物质；⑥无整体爆炸危险的极端不敏感物品。

(2) 气体：①易燃气体；②非易燃无毒气体；③毒性气体。

(3) 易燃液体。

(4) 易燃固体、易于自燃的物质、遇水放出易燃气体的物质：①易燃固体、自反应物质和固态退敏爆炸品；②易于自燃的物质；③遇水放出易燃气体的物质。

(5) 氧化性物质和有机过氧化物：①氧化性物质；②有机过氧化物。

(6) 毒性物质和感染性物质：①毒性物质；②感染性物质。

(7) 放射性物质。

(8) 腐蚀性物质。

(9) 杂项危险物质和物品，包括危害环境物质。

2. 危险化学品的存储

危险化学品管理严格遵守分类储存、专门运输、出入库登记、规范查验等原则。依据《危险化学品安全管理条例》、《易燃易爆性商品储存养护技术条件》(GB 17914—2013)、《腐蚀性商品储存养护技术条件》(GB 17915—2013)、《毒害性商品储存养护技术条件》(GB 17916—2013)进行存储。

化学品储存的首要原则是分类分开存放、存放位置有指示、MSDS盒及试剂标签有标识，易燃易爆品、有毒有害品、强酸强碱腐蚀品、氧化剂还原剂、固体液体等分开存放，不得叠放。除此之外，易燃易爆品要存储于专业防爆安全柜中，设置醒目的易燃易爆品标签，专人保管、双人双锁、使用登记、按量取用、及时归还，同时，要保证安全柜柜体的隔绝层能够实现有效阻隔热源长达15 min以上；在易燃易爆品的存放与管理条件基础上，有毒有害品的储存柜体还应注意防腐与密封。

此外，剧毒品的制造、购买、储存、运输、使用、残余处置执行严格的审批与备案制度，所有环节资料留档，监控报警系统与110报警平台联网、实行严格管控，其中，高挥发、低闪点的剧毒品应存放于控温药品柜中；易泄漏、易挥发的试剂应存放于具备通风、吸附功能的试剂柜里，以防泄漏等不安全事件发生、保证人员安全；腐蚀性化学品存放于PP板材等耐腐蚀柜中，设置醒目的腐蚀品标签；酸、碱、氧化剂等分开存放，腐蚀品试剂柜配置防漏液板，并在底部配有二次防漏液托盘。

作为实验室带压设备之一的气瓶，其储运基本原则为注意通风、远离热源、远离人员密集地与公共区域。可燃气体、易燃易爆、惰性气体均分开存放，剧毒气体及易燃易爆气体应张贴安全警示标识，惰性气体及CO_2存放区加装氧气含量报警器。单独气体钢瓶入柜，正确固定；气体钢瓶房等密集储存区域加装防爆检测、报警及通风联动设备。此外，使用时还注意气瓶颜色与使用状态标识。依据《气瓶使用安全管理规范》(QSY 1365—2011)，进行气体钢瓶的定期安全检测，腐蚀性气体瓶如H_2S等每2年检验一次，一般气体瓶如H_2等每3年检验一次，惰性气体瓶每5年检验一次。在新建实验室中，进行多管路规划、设置集中供气、标识气体管路与连接，则更为安全、可控、可靠。

第三章

固体废物理化性质分析

实验一　城市生活垃圾采样和物理组分测定

生活垃圾指在日常生活或者为日常生活提供服务的活动中产生的固体废物。生活垃圾种类繁多、来源组成复杂、性质多样。由于受自然环境、居民生活消费水平、社会经济发展水平、气候、季节变化、人口数量、居民生活习惯、地域差异以及能源结构等诸多因素的影响，其产生量和垃圾组分都具有不均匀性。只有通过合理的垃圾采样、制样，才能获取一个地区较为准确的生活垃圾基础数据，才能确定其具体的组成和性质，为有效处理处置垃圾提供基础数据。

一、实验目的

(1) 根据《生活垃圾采样和分析方法》(CJ/T 313—2009)，了解采样点数的确定原则。

(2) 掌握生活垃圾采样、制样和物理性质测定方法。

(3) 掌握垃圾分类的基本方法。

二、实验原理

生活垃圾成分多变、危害大。在习近平生态文明思想引领下，垃圾分类逐步成为推动绿色低碳转型、实现美丽中国愿景的战略需求。垃圾分类是对传统垃圾收集和处理方式的改革，是促进垃圾有效处置的科学管理方法。垃圾中含有金属、塑料、纸张等资源，具有很高的可利用性。通过分类投放、分类收集，可以将可回收利用的生活废弃物与有害物质、厨余垃圾等垃圾分离，变废为宝，促进垃圾资源化。同时，推进垃圾分类可以促进城市生活垃圾减量化、无害化，是避免“垃圾围城”的有效途径；可以降低垃圾收集与处理成本和可能产生的环境负面影响，会带来节省土地资源等社会、经济、生态多方面的效益。根据垃圾成分或者类别，在垃圾源头(即居民端)对其进行分类，并以此为基础，开展垃圾分类投放并实现分类收集和分类处理。不同城市垃圾分类政策不完全相同，因此，进行有效、正确的垃圾分类是测定垃圾各组分的必要条件，为后期相应处理设施的建设提供依据。

固体废物的性质主要包括物理、化学、生物化学及感官性能。感官性能是指废物的颜色、臭味、新鲜或者腐败程度，可以直接判断。城市生活垃圾的物理性质与垃圾成分密切相关，组成不同，物理性质也不同。垃圾的物理性质一般包括物理组成(physical composition)、粒径(particle size)、含水率(moisture)和容积密度(bulk density)等。

三、实验仪器

(1) 样品制备设备包括：

a. 粗粉碎机：可将生活垃圾中各种成分的粒径粉碎至 100 mm 以下。

b. 细粉碎机：可将生活垃圾中各种成分的粒径粉碎至 5 mm 以下。

c. 研磨仪：可将生活垃圾中各种成分的粒径粉碎至 0.5 mm 以下。

d. 天平：感量为 0.0001 g 的分析天平。

(2) 主要工具：铁锹、耙、锯、药碾、小铲、锤、十字分样板、强力剪刀。

(3) 其他：250～500 mL 带磨口的广口玻璃瓶、分选筛(孔径为 10 mm)、磅秤、台秤、硬质塑料圆筒、电热鼓风恒温干燥箱、干燥器。

四、实验步骤

1. 采样点数的确定

生活垃圾产生源设置采样点的原则是：该点垃圾具有代表性和稳定性。根据表 3-1 所调查区域的人口数量经验确定最少采样点数，并根据表 3-2 中功能区分布、生活垃圾特性等因素确定采样点分布。

表 3-1 市区人口数量与最少采样点数

市区人口数量/万人	＜50	50～100	100～200	≥200
最少采样点数/个	8	16	20	30

表 3-2 功能区种类

区别	居民区			事业区	商业区	清扫区	特殊区		混合区
类别	燃煤	半燃煤	无燃煤	办公文教	商店(场)饭店、娱乐场所、交通站(场)、超市	街道、园林、广场	医院	使领馆	垃圾堆放处理厂

在生活垃圾产生源以外的垃圾流节点设置采样点，应根据该类节点(设施或容器)的数量确定最少采样点数(表 3-3)。在调查周期内，地理位置发生变化的采样点数不宜大于总数的 30%。

表 3-3 生活垃圾流节点数与最少采样点数

生活垃圾流节点(设施或容器)数量/个	最少采样点数
1～3	所有
4～64	4～5
65～125	5～6
126～343	6～7
＞344	每增加 300 个容器或设施，增加 1 个采样点

2. 采样频率和间隔时间

产生源生活垃圾采样与分析以年为周期，采样频率宜每月 2 次，同一采样点的采样间隔时间宜大于 10 d。因环境引起生活垃圾变化时，可调整或增加部分月份的采样频率。调查周期小于 1 年时，可增加采样频率，同一采样点的采样间隔时间不宜小于 7 d。

3. 采样

1) 采样的基本要求

(1) 应结合现场环境条件选择不同的采样方法。

(2) 采样应避免在大风、雨、雪等异常天气条件下进行。

(3) 在同一区域有多点采样点时，宜尽可能同时进行。

(4) 采样的全过程应有翔实记录。

(5) 采样应注意现场安全。

(6) 采样后应立即分析，保存期不超过 24 h。

2) 采样方法

在超过 3 m^3 的设施(箱、坑)中采用立体对角线布点法(图 3-1)，在等距点采样不少于 3 个点采等量垃圾，共采样 100～200 kg。在少于 3 m^3 的设施中，最少采 5 个点，每个点采 20 kg 以上，共采样 100～200 kg。混合垃圾采样点应采集当日收运到堆放处理场的垃圾车中的垃圾，每辆车内采用立体对角线法采集 3 个等量点，最少采集 5 车，共采样 100～200 kg 垃圾。

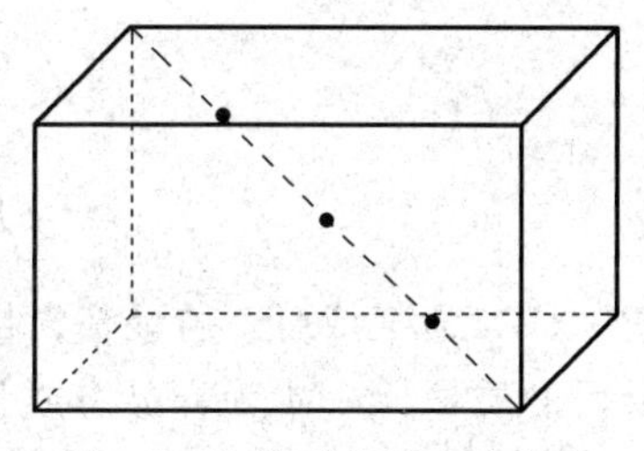

图 3-1　立体对角线布点采样

4. 样品制备

采用四分法进行样品制备：将大块生活垃圾破碎至小于 50 mm 的小块，充分混合搅拌均匀，摊平堆成圆形或方形，按图 3-2 所示，将其十字四等分，然后随机舍弃其中对角的 2 份，余下部分重复进行。最终缩分 2～3 次至 25～50 kg 样品，置于密闭容器。确实难以破碎的可以预先剔除，在其余部分破碎缩分后，按照缩分比例，将剔除垃圾部分破碎加入样品。

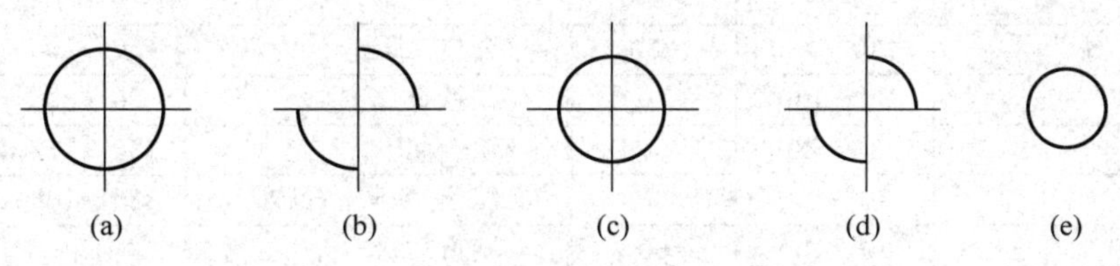

图 3-2　四分法示意图

(a) 均匀四等分；(b) 随机取 2 份舍弃；(c) 再混匀四等分；(d) 随机取 2 份舍弃；(e) 至设计采样量

5. 垃圾物理组分和含水率的测定

(1) 四分法确定 25～50 kg 样品，称量样品总质量，记作 M。

(2) 按表 3-4 的分类方法手工分拣垃圾。粗分拣后剩余样品过筛，筛上物细分，筛下物按其主要成分分类，分类困难的定为混合类。

表 3-4　垃圾组分分类

有机物		无机物		可回收物						其他
动物	植物	灰土	砖瓦、陶瓷	纸类	塑料、橡胶	纺织物	玻璃	金属	木竹	

(3) 分别称量各成分质量,记作 M_{1i}。

(4) 将各垃圾成分分别置于干燥搪瓷盘内,放于干燥箱,在(105±5)℃烘 4～8 h,取出置于干燥器内冷却后称重。重复烘 1～2 h,冷却 0.5 h 后称重,直至恒重,两次称量之差不超过试样量的 0.4%。记录烘干后各组分质量,记作 M_i。

(5) 按照式(3-1)计算各组分湿基含量,按照式(3-2)计算各组分含水率,按照式(3-3)计算样品含水率,按照式(3-4)计算各组分干基含量,计算结果保留 2 位小数。

$$W_i = \frac{M_{1i}}{M} \times 100\% \tag{3-1}$$

$$C_i = \frac{M_{1i} - M_i}{M_{1i}} \times 100\% \tag{3-2}$$

$$C_w = \sum_{i=1}^{n} C_i W_i \times 100\% \tag{3-3}$$

$$D_i = W_i \times \frac{1}{100 - C_i} \times 100\% \tag{3-4}$$

式中,W_i 为某成分 i 的湿基含量,%;M_{1i} 为某成分 i 烘干前的质量,g;M_i 为某成分 i 烘干后的质量,g;M 为样品总质量,g;C_i 为某成分 i 的含水率,%;C_w 为样品总含水率,%;D_i 为某成分 i 的干基含量,%;i 为各成分序数;n 为成分数。

6. 垃圾容积密度的测定

容积密度也称为容重(bulk density)。固体废物的容积密度是决定运输或储存容积的重要参数。由于组成成分复杂,其求法都是以各组分的平均值来计算。典型废物的容积密度如表 3-5 所示。

表 3-5 典型废物的容积密度

成分	容积密度/(kg/m^3)		成分	容积密度/(kg/m^3)	
	范围	典型		范围	典型
食品废物	130～480	300	金属、罐头	50～160	90
纸张	30～130	80	非铁金属	60～240	160
纸板	30～80	50	铁金属	130～1120	320
塑料	30～130	60	泥土、灰烬、石砖	320～1000	480
纺织品	30～100	60	城市垃圾		
橡皮	100～200	120	未压缩	90～180	130
皮鞋	100～260	160	已压缩	180～450	300
庭园修剪物	60～220	100	污泥	1000～1200	1050
木材	130～320	240	废酸碱液	1000	1000
玻璃	160～480	200			

容积密度测定的实验步骤如下:

(1) 称量有效高度为 1 m,容积 100 L 的硬质塑料圆桶质量为 m_0。

(2) 将采集的垃圾试样不加处理装满硬质塑料圆桶,稍加振动但不压实,称取并记录质量 m_j(kg)。

(3) 重复 2～4 次后,垃圾容积密度(ρ,kg/m^3)可以按照式(3-5)进行计算:

$$\rho=\frac{1000}{N}\sum_{j=1}^{N}\frac{m_j-m_0}{V} \tag{3-5}$$

式中，ρ 为垃圾容积密度，kg/m^3；N 为称量次数；j 为称量序数；m_j 为垃圾装满圆桶后质量，kg；m_0 为圆桶质量，kg；V 为垃圾体积，L。

五、数据记录与处理

取样时间：______________，取样地点：__________________。

取样数：__________________，取样总质量：________________。

测量样品总质量 M：_____________，塑料圆桶质量 m_0：_______________。

(1) 记录实验数据，列入表 3-6 中，根据公式(3-3)计算垃圾总含水率，根据公式(3-5)计算垃圾容积密度。

表 3-6 某次的测量数据

组分 i	质量 M_{1i}/g	烘干后质量 M_i/g	各组分水分 $M_{1i}-M_i$/g	干基组分 /%	湿基组分 /%	某组分含水率/%	垃圾试样在塑料圆桶内质量 m_j/g
有机物							
灰土							
砖瓦/陶瓷							
纸类							
塑料/橡胶							
纺织物							
玻璃							
金属							
木竹							

(2) 根据所测样品的物理组成，分析其成分特征。

六、注意事项

(1) 样品采样过程中注意采样均匀。

(2) 含水率测定时需要质量恒定，也就是 2 次烘干质量差不超过试样量的 4‰。

七、思考题

(1) 生活垃圾的采样方法都有哪些？

(2) 对大学校园垃圾布点取样并测定垃圾组分，分析校园垃圾成分特征。

(3) 思考校园垃圾分类可行的方式有哪些？

实验二 固体废物中碳氮比值的测定

碳氮比是影响微生物生长最重要的营养因素之一，也是影响生物处理的营养因素，对于固体废物的生物处理工艺设计和过程控制具有重要指导意义。分析获得固体废物总有机碳(total organic carbon，TOC)含量和总固体氮(total nitrogen，TN)含量，进而计算 C/N 比值，可为物料属性的判断、固体废物处理方法选择、工艺设计、物料调配和处理过程监控等提供数据参考。

一、实验目的

（1）掌握固体废物总有机碳 TOC 的测试方法，分析获得固体废物 TOC 含量。

（2）掌握固体废物中 TN 含量的测定方法。

（3）了解固体废物中 TOC、TN 含量的测定原理。

（4）能根据固体废物中 C/N 比值，设计选择固体废物生物处理工艺。

二、实验原理

在微生物的新陈代谢过程中，对于碳和氮的需求量不同。微生物新陈代谢过程所要求的最佳碳氮比（干重比）在 30～35。理论上，物料中的可生物降解有机物的 C/N 比值应该控制在这个范围。不过由于大部分不含氮的有机物比含氮有机物难降解，所以质量计算得到的 C/N 比值与微生物实际能够摄取到的 C/N 比值并不完全符合。实际所选用的 C/N 比值的范围在 25～50。实践证明，当 C/N 比值为 25～35 时发酵过程最快。如果物料中 C/N 比值过低，会因为产生大量氨气而抑制微生物繁殖，导致分解缓慢且不彻底，而且超过微生物生长需要的多余氮就会以氨的形式逸散，污染环境；C/N 比值过高，将影响有机物的分解和细胞质的合成，微生物的繁殖就会受到氮源的限制，导致有机物分解速率降低，延长发酵时间。同时，若是将 C/N 比值过高的堆肥施入土壤中，会产生夺取土壤中氮的现象，产生土壤的“氮饥饿”状态，导致对作物生长产生不良影响。

固体废物中各种废物的 C/N 比值有很大差别，表 3-7 列出了一些代表数据。

表 3-7　部分物质的氮含量及 C/N 比值

物质	N 含量（干重）/%	C/N 比值	物质	N 含量（干重）/%	C/N 比值
水果废物	1.52	34.8	家禽粪	6.3	15
屠宰废物	6.0～10.0	2.0	活性污泥	5.6	6.3
马铃薯叶	1.5	25	生污泥	4～7	11
人粪尿	5.5～6.5	6～10	木屑	0.13	170
牛粪	1.7	18	消化活性污泥	1.88	25.7
羊粪	2.3	22	燕麦秆	1.05	48
马粪	2.3	25	小麦秆	0.3	128
猪粪	3.75	20			

为保证生物处理中成品的碳氮比，必须保证原料的碳氮比。餐厨垃圾 C/N 比值比较高，可以通过加入人粪尿、畜粪以及污水处理厂污泥等调节剂，使比值降到 30 以下。当有机原料的 C/N 比值已知时，可按式（3-6）计算所需添加的氮源物料数量。

$$K=\frac{C_1+C_2}{N_1+N_2} \tag{3-6}$$

式中，K 为混合源中的碳氮比，通常最佳范围在配合后为 35∶1；C_1、C_2、N_1、N_2 分别为有机原料和添加剂的碳、氮质量数。

TOC 的测定包括化学法、仪器法等。化学法的测定原理是：在加热条件下，样品中的有机碳被过量重铬酸钾-硫酸溶液氧化，重铬酸钾中的六价铬（Cr^{6+}）被还原为三价铬（Cr^{3+}），其含量与样品中有机碳的含量成正比，于 585 nm 波长处测定吸光度，根据三价铬

(Cr^{3+})的含量计算有机碳含量。

TN的测定原理是：TN在硫代硫酸钠、浓硫酸、高氯酸和催化剂的作用下，经氧化还原反应全部转化为铵态氮。消解后的溶液碱化蒸馏出的氨被硼酸吸收，用标准盐酸溶液滴定，根据标准盐酸溶液的用量来计算样品中TN含量。

三、实验仪器和试剂

1. TOC测定主要仪器

(1) 分光光度计：具有585 nm波长，配有10 mm比色皿。

(2) 分析天平：精度为0.1 mg。

(3) 恒温加热器：温控精度为(135±2)℃。恒温加热器带有加热孔，其孔深应高出具塞消解玻璃管内液面约10 mm，且具塞消解玻璃管露出加热孔部分约150 mm。

(4) 具塞消解玻璃管：具有100 mL刻度线，管径为35～45 mm。注意：具塞消解玻璃管外壁必须能够紧贴恒温加热器的加热孔内壁，否则不能保证消解完全。

(5) 离心机：0～3000 r/min，配有100 mL离心管。

2. TN测定主要仪器

玻璃研钵、60目筛、分析天平(精度为0.1 mg)、电热板(温度可达400℃)、凯氏定氮蒸馏装置(图3-3)、凯氏氮消解瓶(50 mL)、酸式滴定管(25 mL)、锥形瓶(250 mL)、长颈漏斗、pH试纸。

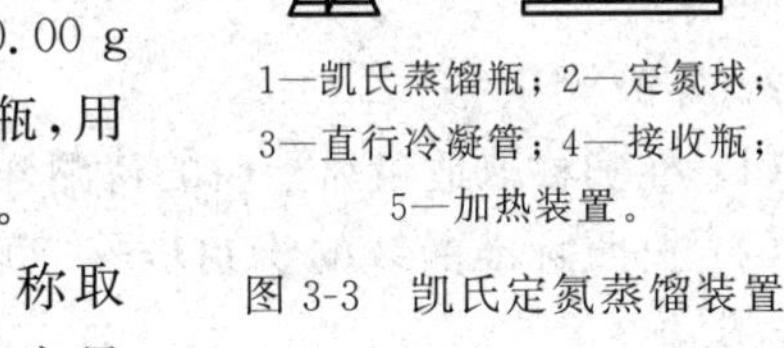

1—凯氏蒸馏瓶；2—定氮球；
3—直行冷凝管；4—接收瓶；
5—加热装置。

图3-3　凯氏定氮蒸馏装置

3. TOC主要试剂

(1) 1.84 g/mL硫酸(H_2SO_4)。

(2) 硫酸汞($HgSO_4$)。

(3) 0.27 mol/L重铬酸钾($K_2Cr_2O_7$)溶液：称取80.00 g重铬酸钾溶于适量水中，溶解后移至1000 mL容量瓶，用水定容，摇匀。该溶液储存于试剂瓶中，4℃温度保存。

(4) 10.00 g/L葡萄糖($C_6H_{12}O_6$)标准使用液：称取10.00 g葡萄糖溶于适量水中，溶解后移至1000 mL容量瓶，用水定容，摇匀。该溶液储存于试剂瓶中，有效期为1个月。

4. TN主要试剂

本实验所用试剂除非另有说明，均使用分析纯化学试剂，实验用水为无氨水。无氨水的制备方法：每1 L水中加入0.10 mL浓硫酸(ρ=1.84 g/mL，优级纯)蒸馏，收集馏出液置于具塞玻璃容器中，也可以使用新制备的去离子水。

(1) 浓盐酸(HCl)：ρ=1.19 g/mL。

(2) 高氯酸($HClO_4$)：ρ=1.768 g/mL。

(3) 无水乙醇(C_2H_6O)：ρ=0.79 g/mL。

(4) 催化剂：将200 g硫酸钾(K_2SO_4)、6 g无水硫酸铜($CuSO_4$)、6 g二氧化钛(TiO_2)于玻璃研钵中充分混匀，研细，储存于试剂瓶中保存。

(5) 还原剂：将五水合硫代硫酸钠研磨后过60目筛，临用现配。

(6) 氢氧化钠(NaOH)溶液：ρ=400 g/L。

(7) 硼酸(H_3BO_3)溶液：ρ=20 g/L。

(8) 碳酸钠标准溶液(Na_2CO_3)：c=0.0500 mol/L。

(9) 甲基橙指示剂：ρ=0.5 g/L。

(10) 盐酸标准储备溶液：吸取4.20 mL浓盐酸于1000 mL容量瓶中，并用水稀释至标线，此溶液浓度约为0.05 mol/L。

(11) 盐酸标准溶液：吸取50.00 mL盐酸标准储备溶液于250 mL容量瓶中，用水稀释至标线。

(12) 混合指示剂：将0.1 g溴甲酚绿和0.02 g甲基红溶解于100 mL无水乙醇中。

四、实验步骤

1. TOC测定步骤

1) 标准曲线的绘制

(1) 分别量取0.00、0.50、1.00、2.00、4.00和6.00 mL葡萄糖标准使用液于100 mL具塞消解玻璃管中，其对应有机碳质量分别为0.00、2.00、4.00、8.00、16.00和24.00 mg。

(2) 分别加入0.1 g硫酸汞和5.00 mL重铬酸钾溶液，摇匀，再缓慢加入7.5 mL硫酸，轻轻摇匀。

(3) 开启恒温加热器，设置温度为135℃。当温度升至接近100℃时，将上述具塞消解玻璃管开塞放入恒温加热器的加热孔中，以仪器温度显示135℃时开始计时，加热30 min。然后关掉恒温加热器，取出具塞消解玻璃管水浴冷却至室温。向每个具塞消解玻璃管中缓慢加入约50 mL蒸馏水，继续冷却至室温。再用水定容至100 mL刻线，加塞摇匀。

(4) 于波长585 nm处，用10 mm比色皿，以水为参比，分别测量吸光度。

(5) 以浓度为0时校正的吸光度为纵坐标，以对应的有机碳质量(mg)为横坐标，绘制标准曲线。

2) 样品测量

(1) 准确称取适量风干后的待测样品，小心加入至100 mL具塞消解玻璃管中，避免沾壁。

(2) 按照标准曲线的绘制步骤(2)加入试剂，按照标准曲线的绘制步骤(3)进行消解、冷却、定容。

(3) 将定容后试液静置1 h，取约80 mL上清液至离心管中以2000 r/min的转速离心分离10 min，再静置至澄清；或在具塞消解玻璃管内直接静置至澄清。

(4) 取上清液按照标准曲线的绘制步骤(4)测量吸光度。

(5) 根据标准曲线确定测得的吸光度对应的TOC浓度。

2. TN测定步骤

(1) 将样品研磨后过60目筛。

(2) 准确称取0.5 g过筛后样品，放入凯氏氮消解瓶中，用少量水(0.5～1 mL)润湿，再加入4 mL浓硫酸，瓶口上盖小漏斗，转动消解瓶使其混合均匀。

(3) 使用干燥的长颈漏斗将0.5 g还原剂加到消解瓶底部，置于电热板上加热，待冒烟后停止加热。

(4) 冷却后加入1.1 g催化剂，摇匀，继续在电热板上消煮，消煮时保持微沸状态，使白烟到达瓶颈1/3处回旋，待消煮液呈灰白色稍带绿色后，表明消解完全，再继续消煮1 h，冷却。在样品消煮过程中，如果不能完全消解，可以冷却后加几滴高氯酸后再消煮。

(5) 按照图 3-3 连接蒸馏装置，蒸馏前先检查蒸馏装置气密性，并将管道洗净。

(6) 将消解液转入蒸馏瓶中，并用水洗涤消解瓶 4～5 次，总用量不超过 80 mL，连接到蒸馏装置上。

(7) 在 250 mL 锥形瓶中加入 20 mL 硼酸溶液和 3 滴混合指示剂吸收馏出液，导管管尖伸入吸收液液面以下。

(8) 将蒸馏瓶呈 45°斜置，缓缓沿壁加入 NaOH 溶液 20 mL，使其在瓶底形成碱液层。迅速连接定氮球和冷凝管，摇动蒸馏瓶使溶液充分混匀，开始蒸馏，待馏出液体积约 100 mL 时，蒸馏完毕。用少量已调节至 pH 为 4.5 的水洗涤冷凝管的末端。

(9) 用盐酸标准溶液滴定蒸馏后的馏出液，至溶液颜色由蓝绿色变为红紫色，记录所用盐酸标准溶液体积。

(10) 消解瓶中不加入试样，按照步骤(1)～步骤(9)测定，记录测定空白样所用盐酸标准溶液体积。

五、数据记录与处理

(1) 用表 3-8 记录 TOC 测量过程中的标线制作及样品测定数据。

表 3-8　实验记录数据

编　　号	0	1	2	3	4	5	样品
葡萄糖标准使用液/mL	0.00	0.50	1.00	2.00	4.00	6.00	
有机碳质量/mg	0.00	2.00	4.00	8.00	16.0	24.0	
吸光度							
样品平均吸光度							
样品 TOC 浓度							

(2) 根据式(3-7)计算样品中 TN 含量。

$$w_{\mathrm{N}}=\frac{(V_1-V_0)c_{\mathrm{HCl}}\times 14.0\times 1000}{mw_{dm}} \tag{3-7}$$

式中，w_{N} 为样品中总氮含量，mg/kg；V_1 为样品中消耗盐酸标准溶液的体积，mL；V_0 为空白实验消耗盐酸标准溶液的体积，mL；c_{HCl} 为盐酸标准溶液的浓度，mol/L；14.0 为氮的摩尔质量，g/mol；w_{dm} 为样品的干物质含量，%；m 为称取样品的质量，g。

结果保留 3 位有效数字，按科学记数法表示。样品的干物质含量根据含水率进行计算。

(3) 计算物料的 C/N 比值并进行分析。

六、注意事项

(1) 当样品有机碳含量超过 16.0%时，应增大重铬酸钾溶液的加入量，重新绘制标准曲线。

(2) 一般情况下，试液离心后静置至澄清约需 5 h，直接静置至澄清约需 8 h。

(3) TOC 测定实验中，具塞消解玻璃管外壁必须能够紧贴恒温加热器的加热孔内壁，否则不能保证消解完全。

(4) 测定 TN 时消解温度不能超过 400℃，以防瓶壁温度过高而使铵盐受热分解，导致氮的损失。

七、思考题

(1) 根据实验结果计算物料的干基碳含量和湿基碳含量。

(2) 对固体废物进行生物处理或焚烧处理，试分析测试物料 TOC 的意义是什么。

(3) 根据实验结果计算物料的干基氮含量和湿基氮含量。

(4) 对固体废物进行生物处理，试分析测试物料 TN 的意义是什么。

(5) 如何根据测得的固体废物 C/N 比值选择合适的生物处理工艺?

实验三　校园垃圾基本化学和生物性质的测定

城市生活垃圾(municipal solid waste)来源广泛，成分复杂，性质很不稳定，受到自然环境、各地气候、经济发展规模、生活习惯(食品结构)、能源结构、垃圾收集方式等差异的影响，造成城市生活垃圾成分和产量多种多样，变化幅度很大。为了有效进行生活垃圾的全过程管理(integrated solid waste management，ISWM)，必须掌握好生活垃圾特性。

一、实验目的

(1) 了解表征生活垃圾特性的指标参数。

(2) 掌握生活垃圾化学性质(包括挥发分、有机质、灰分、热值和生物降解度)及测定方法。

(3) 了解根据元素分析进行估算垃圾热值的方法。

二、实验原理

当前我国大学生人口占城市居民总人口的比例逐渐提高，尤其在一些教育资源丰富的城市，在校大学生人口已占城市居民总人口的 10%以上，高校校园垃圾成为城市生活垃圾的重要组成部分。校园垃圾包括废纸、塑料袋(杯)、纸杯(碗)、金属、废电池、果皮等。有研究将郑州市某高校校园产生的垃圾分为 5 类，包括有机垃圾、塑料垃圾、纸和纸板、卫生垃圾和其他，如表 3-9 所示。

表 3-9　郑州市某校园垃圾种类

种　类	具体描述
有机垃圾	食物垃圾、树叶、树枝、玉米芯、动物尸体等
塑料垃圾	塑料包装袋、一次性塑料袋、食品袋、塑料瓶等
纸和纸板	纸箱、纸盒、纸板包装物、书、打印纸、广告纸等
卫生垃圾	卫生纸、一次性卫生用品等
其他	玻璃容器、金属、易拉罐等

固体废物的化学性质对于选择加工处理和回收利用工艺十分重要，主要项目包括挥发分(volatiles)、灰分(ash)、固定碳(fixed-carbon)及热值(heating value)等。生物特性包括生物可降解度等。挥发分和总固体可以根据固体废物中水分和有机质在一定温度下蒸发或挥发导致的质量变化进行测试。

1. 总固体(TS)、挥发分(VS)

TS是指样品中所有固体物质的总量。VS又称挥发性固体含量,是指固体废物在600℃下的灼烧减量,是反映固体废物有机物含量的一个指标参数。TS、VS可以根据固体废物中水分和有机质在一定温度下蒸发或挥发导致的重量变化进行测定。

2. 灰分(A)

垃圾灰分是指垃圾试样在800℃左右温度下灼烧而产生的灰渣量,是指固体废物中既不能燃烧,也会挥发的物质,用A(%)表示。它是反映固体废物有机物含量的参数。挥发分和灰分一般同时测定。

一般废物灰分可以分为3种形态:非熔融性、熔融性和含有金属成分。测定灰分可预估可能产生的熔渣量及排气中粒状物含量,并可依据灰分的形态类别选择废物适用的焚烧炉,若含过多金属则不宜焚化。若废物中含Na、K、Mg、P、S、Fe、Al、Ca、Si等,则因焚化过程中的高温氧化环境极易发生化学反应而产生复杂的熔渣。不同化合物的形成会导致熔渣熔点降低,使得其在焚烧时在炉排中熔融,从而阻碍排灰。典型废物灰分如表3-10所示。

表3-10　典型废物的灰分

成　　分	灰分/%		成　　分	灰分/%	
	范围	平均		范围	平均
食品废物	2～8	5	玻璃	96～99	98
纸张	4～8	6	金属罐头	96～99	98
纸板	3～6	5	非铁金属	90～99	96
塑料	6～20	10	铁金属	94～99	98
纺织品	2～4	2.5	泥土、灰烬、砖	60～80	70
橡皮	8～20	10	城市固体废物	10～20	17
皮革	8～20	10	干污泥	20～35	23
庭院修剪物	2～6	4.5	废油	0～0.8	0.2
木材	0.6～2	1.5			
稻壳	5～15	13			

3. 热值

热值(或发热量)是指单位质量(或体积)燃料完全燃烧时所释放的热量,用以考虑计算焚烧炉的能量平衡及估算辅助燃料所需量。垃圾热值与含水率、有机物含量及成分等关系密切。通常有机物含量越高,热值越高;含水率越高,热值越低。垃圾热值又分为高位热值(higher heating value,H_H)和低位热值(lower heating value,H_L)。高位热值是垃圾单位干重的发热量;低位热值是单位新鲜垃圾燃烧时的发热值,又称有效发热量,净发热量。低位热值=高位热值−水分凝结热。典型废物的热值如表3-11所示。

表3-11　典型废物的单位热值

成　　分	热值/(kcal/kg)	成　　分	热值/(kcal/kg)
食品废物	1100	塑胶	7800
纸张	4000	纺织品	4200
纸板	3900	橡皮	5600

续表

成　分	热值/(kcal/kg)	成　分	热值/(kcal/kg)
皮革	4200	金属罐头	200
庭院修剪物	1600	非铁金属	—
木材	4500	铁金属	—
玻璃	40	泥土、灰烬、砖	—

热值的测量可以利用热值测定仪，比如用氧弹热量计进行测量。当废物在有氧条件下加热至氧弹周遭的水温不再上升时，此时固定体积水所增加的热量即为定量废物焚烧所释放的热量。

热值还可以通过理论估算法计算。固体废物的热值在化学上称为“燃烧热(heat of combustion)”，可利用燃烧热的计算原理估算废物的热值。如果知道垃圾的化学组成，也可以利用元素组成从理论上估算废物的热值，工业上常用 Wilson 经验公式进行估算。可根据公式(3-8)进行热值估算。

$$H_H = 7831m_{C1} + 35\,932\left(m_H - \frac{m_O}{8} - \frac{m_{Cl}}{35.5}\right) + 2212m_S - 3546m_{C2} + 1187m_O - 578m_N - 620m_{Cl} \tag{3-8}$$

式中，H_H 为混合垃圾干基高位热值，kcal/kg；m_{C1}、m_{C2} 为有机碳及无机碳的质量分数，%；m_S、m_H、m_O、m_N 分别为固体废物的 S、H、O、N 元素的质量分数，%；m_{Cl} 为氯元素质量分数，%；35.5 为 Cl 的相对原子质量；583、9、7831、35 932、2212、3546、1187、578、620 等系数为经验公式系数。

4. 生物降解度

垃圾中含有大量天然和人工合成的有机物质，有的容易生物降解，有的难以生物降解。完全生物降解材料能被微生物完全分解，对环境有积极的作用。生物降解的难易程度可以用生物降解度来表示。

对填埋场中城市生活垃圾中可生物降解有机质进行成分测定，可以预测渗滤液产量及生物气总量，掌握垃圾有机质降解状态，预测填埋场的稳定化周期。

生物降解材料按其生物降解过程大致可分为两类。一类为完全生物降解材料，如天然高分子纤维素、人工合成的聚己内酯等。其分解作用主要来自微生物的迅速增长导致塑料结构的物理性崩溃、微生物的生化作用、酶催化或酸碱催化下的各种水解，以及其他各种因素造成的自由基连锁式降解。另一类为生物崩解性材料，如淀粉和聚乙烯的掺混物，其分解作用主要由于添加剂被破坏并削弱了聚合物链，使聚合物相对分子质量降解到微生物能够消化的程度，最后分解为二氧化碳和水。

根据生物可降解有机质比生物不可降解有机质更容易被氧化的特点，在原有“湿烧法”测定固体有机质的基础上，采用反应降低溶液氧化程度，使之有选择性地氧化生物可降解物质。因此，生物降解度可以在室温下对垃圾生物降解作出适当估计的 COD 试验。即在强酸性条件下，用强氧化剂重铬酸钾常温下氧化样品中的有机质，过量的重铬酸钾可以用标准硫酸亚铁铵溶液进行回滴，根据消耗的重铬酸钾的量，计算样品中有机物的量，再换算为生物可降解度。其反应式如下：

$$2K_2Cr_2O_7 + 3C + 8H_2SO_4 \longrightarrow 2K_2SO_4 + 2Cr_2(SO_4)_3 + 3CO_2 + 8H_2O$$

$K_2Cr_2O_7 + 6FeSO_4 + 7H_2SO_4 \longrightarrow K_2SO_4 + Cr_2(SO_4)_3 + 3Fe_2(SO_4)_3 + 7H_2O$

三、实验仪器和试剂

1. 实验仪器

小型手推货车、100 kg 磅秤、铁锹、橡胶手套、剪刀、小铁锤、马弗炉、标准筛、坩埚、容积 100 L 的硬质塑料圆桶、干燥器、烘箱、电子天平、500 mL 锥形瓶、100 mL 量筒、25 mL 吸量管、1 L 容量瓶。

2. 试剂

硫酸亚铁铵[$Fe(NH_4)_2(SO_4)_2$]、浓硫酸、重铬酸钾、氟化钠(NaF,分析纯)、磷酸、乙醇、36%的高氯酸。

(1) 0.25 mol/L 的[$Fe(NH_4)_2(SO_4)_2$]：称取 98.05 g 硫酸亚铁铵[$Fe(NH_4)_2(SO_4)_2 \cdot 6H_2O$],溶于水中,边搅拌边缓慢加入 20 mL 浓硫酸,放置澄清(需放置一段时间,不会很澄清,稍微浑浊),冷却后转移至 1 L 容量瓶中,加水稀释至标线,摇匀定容。临用前,用重铬酸钾标准溶液标定。

(2) 2 mol/L 重铬酸钾溶液：将 98.08 g 重铬酸钾溶于 500 mL 蒸馏水中,缓慢加入 250 mL 浓硫酸,并稀释至 1 L 容量瓶中。

(3) 试亚铁灵指示液：称取 1.485 g 邻菲罗琳,0.695 g 硫酸亚铁,溶于水中,加水稀释至 100 mL,储存于棕色瓶中。

四、实验步骤

1. 总固体

采用烘干质量法测定固体废物样品 TS。具体测试步骤如下：

(1) 采用四分法收集校园生活垃圾 200 g 左右,粒径破碎至 2 mm 以下,混匀。

(2) 坩埚放在烘箱(105±5)℃下烘 1 h 左右至恒重,称重并记录数据 M_1(g),并做平行样。

(3) 将待测固体样品置于以上恒重坩埚中,记录此时质量 M_2(g)。再将其置于(105±5)℃下烘干至恒重,并记录此时的质量 M_3(g)。

(4) 按式(3-9)计算固体废物样品的 TS(%),最后结果取 3 次测量平均值。

$$TS = \frac{M_3 - M_1}{M_2 - M_1} \times 100\% \tag{3-9}$$

2. 挥发分

(1) 将校园垃圾粒径破碎至 2 mm 以下,混匀。

(2) 准备 3 个坩埚,分别称其质量并记录下来,记为 P。

(3) 将试样放入坩埚中,在(105±5)℃烘干,放入干燥器中冷却至室温,并称其质量,记为 P_0。

(4) 将装有试样的坩埚放入马弗炉中,在 600℃温度下灼烧 2 h,冷却,称其质量,记为 S。

(5) 根据式(3-10)计算挥发分。最后结果取 3 次测量平均值。

$$VS = \frac{P_0 - S}{P_0 - P} \times 100\% \tag{3-10}$$

式中，VS为试样挥发分含量，%；P_0 为干燥后的试样和坩埚质量，g；P 为坩埚质量，g；S 为灼烧后的试样和坩埚质量，g。

3. 灰分

(1) 称取并记录坩埚质量 P。

(2) 对垃圾进行分类，将各组分粒径破碎至 2 mm 以下。将粉碎后某一组分充分混合，取一定量在(105±5)℃下干燥 2 h，冷却后称重 P_0。

(3) 将装有干燥试样的坩埚放入马弗炉或者电炉中，在(815±10)℃下灼烧 1 h，然后取下冷却。冷却后称重，记为 P_1。

(4) 分别计算各组分的灰分，并按照物理比例求总垃圾的灰分，测量 3 次结果取平均值。

各组分的灰分：

$$A_i = \frac{P_1 - P}{P_0 - P} \tag{3-11}$$

干燥垃圾灰分：

$$A = \sum_{i=1}^{n} \eta_i A_i \tag{3-12}$$

4. 热值

(1) 对垃圾进行分类，将垃圾各试样粉碎至粒径小于 0.5 mm。

(2) 在(105±5)℃下烘干至质量恒定，并在干燥器中冷却。

(3) 用氧弹量热计分别测定各成分的高位热值 $H_{\mathrm{H}i}$(具体见第三章实验四)。

(4) 根据式(3-13)计算混合垃圾的高位热值 H_{H}(kJ/kg)和低位热值 H_{L}(kJ/kg)。

$$H_{\mathrm{H},d} = \sum_{i=1}^{n} \eta_i H_{\mathrm{H}i} \tag{3-13}$$

式中，$H_{\mathrm{H},d}$ 为混合垃圾干基高位热值，kJ/kg；η_i 为混合垃圾中各组分 i 的质量百分比；$H_{\mathrm{H}i}$ 为各成分高位热值，kJ/kg。

$$H_{\mathrm{H},w} = H_{\mathrm{H},d} \times (1 - W) \tag{3-14}$$

式中，$H_{\mathrm{H},w}$ 为混合垃圾湿基高位热值，kJ/kg；W 为混合垃圾含水率，%。

$$H_{\mathrm{L}} = H_{\mathrm{H}} - 583 \times \left[m_{\mathrm{H_2O}} + 9\left(m_{\mathrm{H}} - \frac{m_{\mathrm{Cl}}}{35.5} \right) \right] \tag{3-15}$$

式中，H_{L} 为净低热值，kcal/kg；$m_{\mathrm{H_2O}}$ 为水的质量分数；m_{Cl} 为氯元素的质量分数。

5. 生物降解度

(1) 将垃圾样品风干，磨碎，准确称取 0.500 g 放于 250 mL 容量瓶中。

(2) 准确量取 15 mL 重铬酸钾溶液(c=2 mol/L)加入试样瓶中并充分混合。

(3) 用量筒量取 20 mL 硫酸加到试样瓶中，并在室温下将这一混合物放入振荡器中振荡 1 h，频率为 100 次/min。

(4) 取下容量瓶，加水至标线，不断摇匀。

(5) 从容量瓶中移取 25 mL 样品溶液置于锥形瓶中，加试亚铁灵指示液 3 滴。

(6) 用硫酸亚铁铵标准溶液滴定，滴定过程中溶液颜色由黄色经蓝绿色至刚出现红棕色不褪，此时消耗的硫酸亚铁铵溶液体积记为 V_1。如果加入指示剂时已出现绿色，则实验必须重做，必须再加 30.0 mL 重铬酸钾溶液。做 3 组平行样。

(7) 用同样的方法在不放试样的情况下做空白试验，做 3 组平行样，消耗的硫酸亚铁铵标准溶液体积为 V_0。

(8) 根据式(3-16)计算生物降解物质，测量 3 次结果取平均值。

$$\mathrm{BDM}=\frac{(V_0-V_1)\times c\times 6.383\times 10^{-3}\times 10}{m}\times 100\% \tag{3-16}$$

式中，BDM 为生物可降解度，%；V_1 为试样滴定所消耗的硫酸亚铁铵标准溶液的体积，mL；V_0 为空白样品滴定所消耗的硫酸亚铁铵标准溶液的体积，mL；c 为硫酸亚铁铵标准溶液的浓度，mol/L；m 为样品质量，g。

五、数据记录与处理

(1) TS、VS、灰分测定的实验数据记录于表 3-12 中。

表 3-12　某组分测定实验数据记录

实验参数	测量次数			
	第一次	第二次	第三次	平均值
坩埚质量/g				
干燥后坩埚加试样/g				
600℃灼烧后坩埚加试样/g				
815℃灼烧后坩埚加试样/g				
TS_i/%				
VS_i				
A_i				

(2) BDM 测定的实验数据记录于表 3-13 中。

表 3-13　生物降解度实验数据记录

实验参数	测量次数			
	第一次	第二次	第三次	平均值
试样滴定体积 V_1/mL				
空白滴定体积 V_0/mL				
V_0-V_1/mL				
试样质量/g				
BDM/%				

(3) 如果已知某城市垃圾元素组成分析结果为：有机碳 12.4%，无机碳 3.2%，氢 6.5%，氧 14.7%，氮 0.4%，硫 0.2%，氯 0.2%，水分 39.9%，灰分 22.5%。试根据其元素组成估算该废物的高位热值和低位热值。

(4) 通过校园垃圾性质测定，说明校园垃圾的主要特点，设计合适的资源化工艺。

六、注意事项

(1) 在测定挥发分、灰分时应先破碎干燥试样后再测定。

(2) 测定生物降解度时，如果加入指示剂时已出现绿色，则实验必须重做。

七、思考题

(1) 论述表征城市生活垃圾的特征参数及其含义。

(2) 根据校园垃圾的化学特点，探讨可以采用什么样的方法有效处理垃圾。

(3) 固体废物的灰分、总固体、挥发分和可燃分之间有什么关系？

(4) 固体废物化学性质测定的意义是什么？

(5) 测定生物降解度的原理是什么？

实验四　生活垃圾热值的测定

根据《中国统计年鉴 2023》数据，2022 年，全国生活垃圾清运量 2.44 亿吨，其中 1.95 亿吨用于焚烧处理，占到垃圾总量的 79.8%。热值(或发热量，heating value)是指单位质量或体积废物完全燃烧时所释放的热量，单位为 kJ/kg 或 kcal/kg，用以计算焚烧炉的能量平衡及估算辅助燃料所需量，是固体废物的一个重要物理化学指标。测定生活垃圾热值与工业生产中测定煤和石油的热值同样重要。通常以单位质量的总(高)发热值(gross or higher heating value，H_H)或净(低)热值(net or lower heating value，H_L)表示。高位热值的水是0℃的液态水，低位热值水是 20℃的水蒸气。因此，二者之差即 20℃的水蒸气冷凝为 0℃的液态水所释放的热量。理论上，当固体废物热值高于 4000 kJ/kg(950 kcal/kg)时，可以不加辅助燃料直接燃烧，但在废物的实际焚烧过程中，需要的热值比该值要高。

一、实验目的

(1) 掌握氧弹量热计测定热值的原理。

(2) 掌握测定生活垃圾热值的条件要求。

(3) 了解氧弹量热计的使用方法。

二、实验原理

废物热值可以通过量热计直接测量，也可以根据废物组分或元素组成计算。氧弹量热计(calorimeter)、全自动量热仪等是测定生活垃圾热值最为常用的仪器。量热计测量的基本原理是能量守恒定律。氧弹量热仪可用于测量固体或液体样品的热值，测量样品在一个密闭的容器中(氧弹)，充满氧气的环境里，燃烧所产生的热，测量的结果称燃烧值、热值等。测量时，称取一定量的垃圾试样，压成小片，放在氧弹内。氧弹放在量热器中，容器中盛有一定量的水。通电点火，使压片燃烧。通过测定样品完全燃烧时水温度的变化，可以计算出该样品的热值，其关系式为：

$$mQ = (3000\rho c + C_0)\Delta T - 2.9L \tag{3-17}$$

式中，Q 为热值，kJ/kg；m 为样品的质量，kg；ρ 为水的密度，g/cm^3；c 为水的比热容，

J/(℃·g)；C_0 为量热计的水当量，即量热体系温度升高 1℃所需的热量，J/℃；ΔT 为温度差，℃；L 为铁丝的长度，cm(其燃烧值为 2.9 J/cm)；3000 为实验用水量，mL。

实验过程中需要注意以下两点：①为避免垃圾热值过低导致无法点燃，需要在垃圾中加入苯甲酸等助燃剂。为保证实验的准确性，通常会在氧弹中充以 2.5～3.0 MPa(25～30 atm)的高压氧气，使垃圾完全燃烧。样品需压成片状，以免充气时冲散样品，使燃烧不完全，从而引起实验误差。②为了减少量热计与环境的热交换，确保燃烧后放出的热量不散失，全部传递给量热计本身和水，量热计需要放在一个恒温的套壳中。同时，量热计壁要高度抛光。量热计和套壳中间有一层挡屏，以减少空气对流。

热量漏失无法避免，燃烧前后的温度变化的测量需经过雷诺图解法校正。其校正方法如下：称适量待测物质，使燃烧后水温升高 1.5～2.0℃。预先调节水温低于室温 0.5～1.0℃，将燃烧前后历次观察的水温对时间作图，连成 $FHIDG$ 折线(图 3-4)，图中 H 相当于燃烧起点，D 为观察到的最高的温度读数点，作相当于室温的平行线 JI 交折线于 I 点，过 I 点作 ab 垂线，然后将 FH 线和 GD 线外延交 ab 线于 A、C 两点，A 点与 C 点所表示的温度差即为欲求温度的升高 ΔT。图中 AA' 为开始燃烧到温度上升至室温这一段时间 Δt_1 内，由环境辐射进来和搅拌引进的能量而造成量热计温度的升高，须扣除。CC' 为温度由室温升高到最高点 D 这一段时间 Δt_2 内，量热计向环境辐射出能量而造成量热计温度的降低，需要添加上。由此可见，A、C 两点的温度差较客观地表示由于样品燃烧促使量热计温度升高的数值。

有时量热计的绝热情况良好，“热漏”较小，而搅拌器功率大，不断搅拌引进的能量会使得燃烧后的最高点不出现(图 3-5)。这种情况下，ΔT 仍然可以按照以上方法校正。温度测量采用贝克曼温度计。

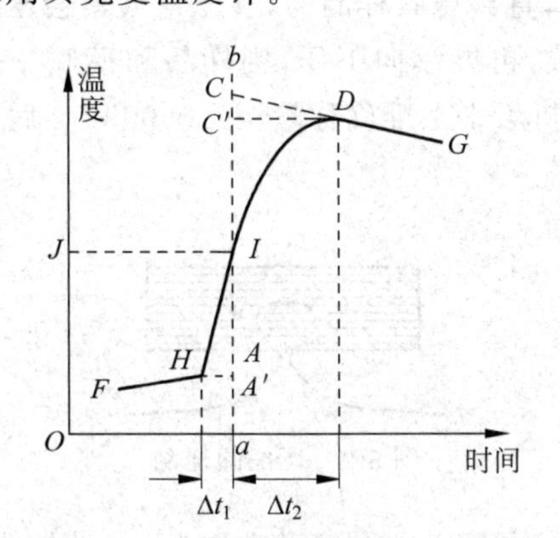

图 3-4 绝热较差时的雷诺校正图

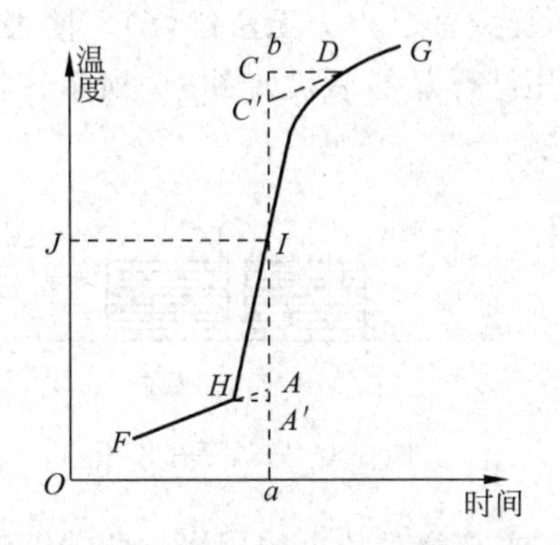

图 3-5 绝热良好时的雷诺校正图

由式(3-17)可知，欲求试样热值，必先知道氧弹量热计的水当量 C_0 值。常用的方法是利用已知热值的标准样(苯甲酸，恒容燃烧热 Q_V＝26 460 J/g)。在氧弹中燃烧，从量热体系的温升可求得 C_0。所以实验中需要先由标准样品燃烧测定 C_0，再求试样燃烧值。

三、实验仪器和试剂

1. 实验仪器

实验中主要仪器是氧弹量热计(图 3-6、图 3-7)、氧弹架、放大镜、氧气钢瓶、贝克曼温度计、氧气表、0～100℃温度计、压片机、万用电表、实验用变压器、台秤、电子天平。

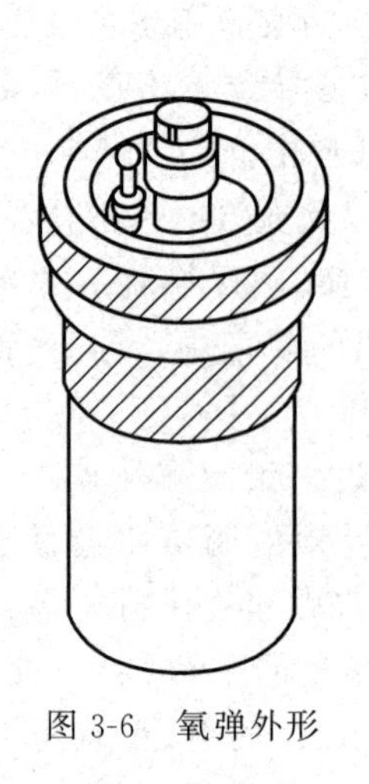

图 3-6 氧弹外形

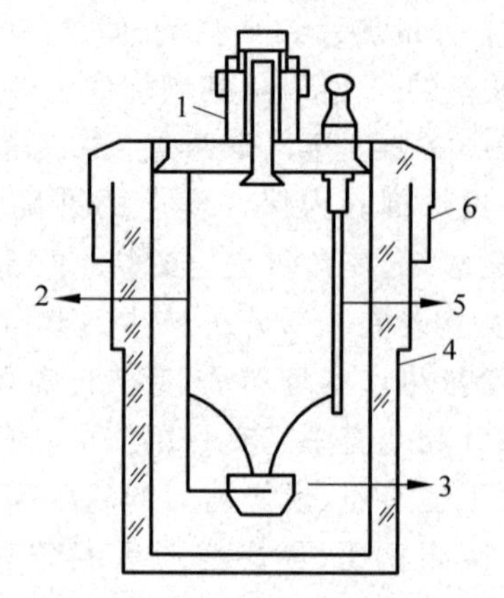

1—出气道；2—电极；3—燃烧皿；4—桶；
5—进气管(作为电极)；6—盖。

图 3-7 氧弹剖面图

2. 试剂

苯甲酸、铁丝、生活垃圾、脱水后活性污泥。

四、实验步骤

1. 测定量热体系的水当量

(1) 量取 15 cm 已知热值燃烧丝(铁丝)。

(2) 样品压片。称取苯甲酸样品 1.0 g(不能超过 1.1 g)，按照图 3-8 将燃烧丝穿在模子的底板内，下面填充托板，缓慢旋紧压片机的螺丝，直到压紧样品为止(压得太紧会压断燃烧丝，导致样品点火无法燃烧)。抽去模底下的托板，再继续向下压，则样品和模底一起脱落。压好样品的形状如图 3-9 所示。将此样品在分析天平上准确称量至±0.0002 g 后即可供燃烧。

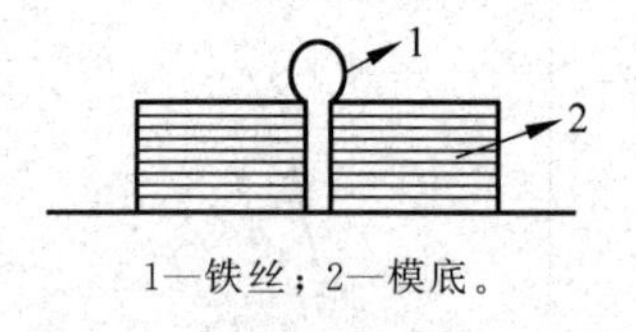

1—铁丝；2—模底。

图 3-8 铁丝穿在模板内

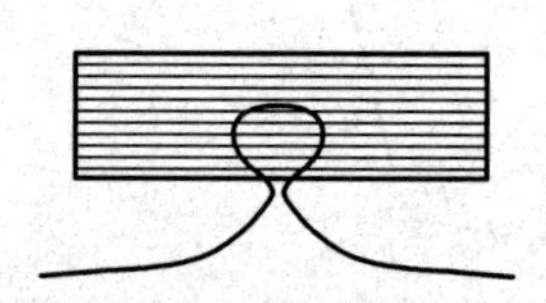

图 3-9 压好的样品

(3) 将样品片上的燃烧丝两端绑定于氧弹中两根电极上。在氧弹中加 1 mL 蒸馏水(以吸收 NO_x)，打开氧弹出气口 4，旋紧氧弹盖。用万用电表检查电极是否通路。若通路，则旋紧出气口 4，即可进行充氧。

(4) 充氧。取下氧弹上进氧螺母，将钢瓶氧气管接在上面，此时减压阀门 2 应关紧，小心开启钢瓶阀门 1，此时表 1 即有指示。再稍稍拧紧减压阀 2，使低压氧气表 2 指针于 0.3～0.5 MPa 刻度，然后略微旋开氧弹出气口 4，以排除氧弹内原有空气。如此反复一次后，旋紧氧弹出气口 4，再拧紧减压阀门 2，让低压氧气表 2 指示于 2.5～3.0 MPa，停留 1～2 min 后旋松(即关闭)减压阀门 2，关闭阀门 1，再松开导气管，氧弹已充有 21 kPa 的氧气(注意不可超过 30 kPa)，可作燃烧之用。但阀门 2 到阀门 1 之间还有余气，因此要旋紧减压阀 2 以放掉余气，再旋松阀门 2，使得钢瓶和氧气表头恢复原状。然后装上螺母，再次用万用表测量充好氧气的氧弹两电极是否通络，若通路则进行下一步。

(5) 如图 3-10 所示，准确量取已被调节到低于室温 0.5～1.0℃的自来水 3000 mL，倒入盛水桶内(勿溅出)。再将氧弹放入恒温套层内，断开变压器点火开关，将氧弹两电极用电线连接在点火变压器上就接好点火电路。将已调节好的贝克曼温度计插入水中，并使水银球位于氧弹 1/2 处。装好搅拌电机，用手转动搅拌器，检查桨叶是否碰壁。于外套内注入较量热计内的水温约高 0.7℃的水，盖好量热计盖子，接通电源，开动搅拌器搅拌 5 min，使量热计与周围介质建立起均衡的热交换，然后开始记录温度。

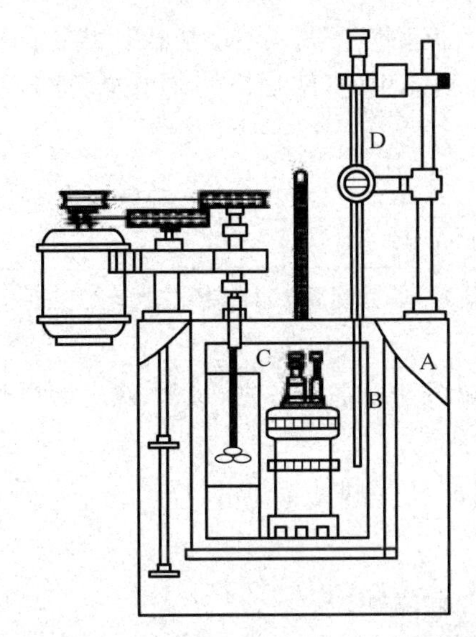

A—恒温套层；B—挡板；C—盛水桶；D—贝克曼温度计。

图 3-10 氧弹量热计安装示意图

(6) 温度的测定(关键步骤)。温度的变化可分为 3 个阶段，即前期、主期和末期。

① 前期试样尚未燃烧，在此阶段是观察和记录周围环境与量热体系在测定开始温度下的热交换关系，每隔 1 min 读取贝克曼温度计 1 次(读数时用放大镜准确读至 0.001℃)，这样持续 10 min。

② 主期：试样燃烧并把热量传给量热计的阶段。在前期最末一次读取温度的同时，按电钮点火。若变压器上指示灯亮后熄掉，温度迅速上升，则表示氧弹内样品已燃烧。可以停止按电钮；若指示灯亮后不熄灭，表示燃烧丝没有烧断，应立即加大电流引发燃烧；若指示灯根本不亮或者虽加大电流也不熄灭，而且温度也不见迅速上升，则须打开氧弹检查原因。自按下电键后，每隔 15 s 读数 1 次，直到温度升高到最高点以后，读数改为 1 min 一次，共 10 min。

③ 末期：在主期读取最后一次温度后，继续读取温度 10 次，作为实验末期温度。每 0.5 min 读 1 次，目的是观察实验终了温度下的热交换关系。

(7) 测温停止后，断开电源，从量热计中取出氧弹，打开氧弹出气口，放出余气，旋出氧弹盖，仔细检查样品燃烧结果。若氧弹中没有什么燃烧残渣，表示燃烧完全；若氧弹中有黑烟或未燃尽的试样微粒，则表示燃烧不完全，则实验失败，需重做实验。燃烧后剩下的燃烧丝长度需要用尺测量，并记录数据。

(8) 取下贝克曼温度计和搅拌器，用布擦干，将量热计内的水倒出，擦干，将氧弹内外及燃烧皿擦干，以备再用。

2. 样品热值的测定

(1) 固体状样品的测定。用四分法取得样品后，进行分类，将不可燃及大件物质捡出。将各类生活垃圾挑出，再混匀，粉碎成粒径为 2 mm 的碎粒；在(105±5)℃温度下烘干样品，并记录水分含量，做 3 组平行样，根据实验一计算含水率。称取 1.0 g 左右垃圾样品。同法进行上述实验。

(2) 流动性样品的测定。流动性污泥或不能压成片状物的样品，则称取 1.0 g 左右，置于小皿中，铁丝中间部分浸在样品中间，两端与电极相连，同上法进行实验。

五、数据记录与处理

(1) 固体废物质量(g)：____________，固体废物含水率(%)：____________。

(2) 燃烧后剩余燃烧丝长度：__________________。

(3) 用图解法求出苯甲酸燃烧引起量热计温度变化的差值 ΔT，根据公式计算量热计的水当量。

(4) 用图解法求出干燥垃圾和脱水后污泥样品燃烧引起量热计温度变化的差值 ΔT，根据公式计算样品的热值。

(5) 计算固体废物的高位(H_H)和低位热值(H_L)。

六、注意事项

(1) 氧弹要密封、耐高压、耐腐蚀。

(2) 热值测定时取样量很少，无法反映固体废物热值的情况，可以先将垃圾分类，测定其含水率和各自的热值，将各组分的热值加权平均计算出垃圾的热值。

(3) 燃烧丝穿在模子底板时，压紧样品，但不要压得太紧，否则会压断燃烧丝，导致样品点火无法燃烧。

七、思考题

(1) 固体状样品与流动状样品热值测量方法有何不同?

(2) 哪些因素会影响氧弹量热计测量分析的精度?

(3) 高位热值与低位热值的关系是什么?

实验五　煤中碳、氢、氮元素含量的测定

在工业生产中，根据煤中碳(C)、氢(H)等元素含量来推算燃烧设备的理论燃料温度以及计算燃烧中的热值，从而计算煤炭气化时的物料平衡，计算温室气体 CO_2 的生成量；根据煤中氮(N)的含量，可以估算炼焦时生成氨的量。所以，煤中 C、H、N 含量的测定，是煤质工作中不可缺少的项目之一，对于了解煤的变质程度和性质、估算燃烧值和污染物排放量有重要意义。

一、实验目的

(1) 掌握元素分析原理，了解元素分析仪的结构和工作原理。

(2) 掌握元素分析仪的使用方法和步骤，熟悉元素分析仪的微量称量处理、自动进样、方法设置、定量分析，并对已知样品进行元素分析。

二、实验原理

元素分析仪是用来测定物质的组成、结构和某些物理特性的仪器。分析测试原理为：化合物中的C、H、N元素，在950℃高浓度氧的氦气气氛下在燃烧管中快速燃烧，生成N_2、CO_2、H_2O、NO、NO_2。若原样品中含有卤素和硫，会生成挥发性的卤化物和硫化物。用氦气作为载气，将燃烧生成的气体带入还原管，还原管中的铜使氮氧化物在500℃定量还原成N_2，并且吸收剩余的O_2。铜还原剂上端装填的银棉，与挥发性卤化物结合，从气流中除去卤化物，挥发性的硫化物在燃烧管内与铬酸铅层结合。剩余的He、CO_2、H_2O和N_2混合气体通过第一个吸附柱，H_2O被定量吸附；然后经过第二个吸附柱，CO_2被定量吸附；N_2通过吸附柱时未被吸附，随氦气首先进入热导检测器，当N_2测量结束后，含CO_2的吸附柱升温至130℃，引起CO_2的快速解吸，并同He一起进入热导检测器；CO_2测量结束后，H_2O吸附柱升温至140℃，引起H_2O的快速解吸，经过CO_2吸附柱旁的通道，以蒸汽形式冲洗进入热导检测器，在H_2O测量结束后，一次样品分析结束，吸附柱降温。通过标准曲线的计算和标准样品校正，即可得到煤样中各元素的精确含量。

三、实验仪器和试剂

1. 实验仪器

烘箱、干燥器、Vario EL Ⅲ元素分析仪1台(图3-11)、预装有Vario EL Ⅲ程序计算机1台(图3-11)、METTLER TOLEDO高精度天平1台(图3-11)、研磨器(以玛瑙、氧化锆或其他不干扰分析的材质制成)、炼焦煤样品。

2. 试剂

氦气(纯度99.999%以上)、氧气(纯度99.999%以上)、乙酰苯胺标准样品、钢厂炼焦煤。

图3-11　Vario EL Ⅲ元素分析仪及配套器材

四、实验步骤

1. 采样与保存

(1) 样品采集依据煤炭样品的采取标准操作规程(MTJCSOP-001),采集样品质量应满足初步评估或正式测试所需的重复测试。

(2) 为避免大气湿度干扰,样品需妥善置于干燥器中保存,实验过程应尽量避免与大气接触。

2. 制样

(1) 煤炭样品经过洗涤、干燥、研磨粉碎后(待测样品颗粒直径小于 1 mm),于(105±5)℃烘箱中干燥 2 h,取出并放置于真空干燥器冷却至室温。

(2) 称取预处理的样品 3.0~5.0 mg,精确至 0.001 mg,用锡箔压实。

3. 仪器测定

(1) 系统空白。仪器达到设定温度后,不加入样品,进行仪器系统空白值测试,以除去残留在管路中的空气。

(2) 标准样品分析。称取多个标准物质(乙酰苯胺)2~5 mg,连续测定,直至几个标准样品测量结果在 N 为±0.03%,H 为±0.03%,C 为±0.10%的范围内,此时体系达到稳定状态。

(3) 样品测试。选取 C-H-N 实验模式,对预处理后的样品进行测试,每个样品做两个平行样。

4. 仪器操作

1) 开机程序

(1) 开启计算机,进入 Windows 状态。

(2) 拔掉主机尾气的 2 个堵头。

(3) 将主机的进样盘移到一边,开启主机电源。

(4) 待进样盘底座自检完毕即自转一周,将进样盘放回原处。

(5) 打开氦气和氧气减压阀,将气体的压力调至: He 为 0.2 MPa; O 为 0.25 MPa。

(6) 启动 WINVAR 操作软件。

(7) 检漏程序:更换燃烧管还原管及灰分管后,应作一次检漏。

2) 操作程序

a. 仪器升温

进入 Options 选项功能,进入 Parameters 功能。C-H-N 模式:炉 1 为 950℃;炉 2 为 500℃;炉 3 为 0℃。

b. 选择标准样品(查看菜单 Standars)

选择和操作模式相符的标准样品,待系统平衡后,输入与菜单 Standars 中相符的样品名作为标准样品。C-H-N 模式使用乙酰苯胺作为标准样品,一般缩写为 Acet(Acet 名字应在 Standars 菜单中存在)。

c. 样品重量和名称的输入

(1) 进入 Edit 编辑功能,然后进入 Input 功能。

(2) 在 Name 一栏输入样品名称,在 Weight 一栏输入样品质量。

(3) 根据称样量的大小,在 Method 栏选择合适的通氧方法。

d. 建议样品测定顺序

(1) 测定1个空白值，在Name输入blk，在weight栏输入假设样品重量，在Method栏选Index 2。测试次数根据各元素的积分面积稳定值到：N(Area)、N(Area)都小于100；H(Area)<300。

(2) 3个Run-In(2～3 mg)即条件化测试，样品输入run，使用标样约2 mg，通氧方法选择Index 1。

(3) 3个乙酰苯胺标准样品(称重2～3 mg)，样品名输入在Standards中已缩写的Acet，通氧方法选择Index 1。

(4) 以下可进行20个样品的测试(根据样品性质称重和通氧方法)。

(5) 再进行2个乙酰苯胺标准样品(2～3 mg)，与(3)相同。

(6) 接着可以再进行20个样品的测试(根据样品性质称重和通氧方法)，以下均从步骤(3)循环执行，即2个标样，可测20个样品，循环重复。

e. 数据计算(标样的校正)

(1) 检查3个标样数据是否平行，若平行，则在3个标样上打标记，进入Math功能，激活Factor功能，完成校正因子计算。

(2) 若3个标样数据存在不平行，选择平行的2个标样打标机，进入Math功能，激活Factor功能，之后点击Math-Factor完成校正因子计算。

3) 关机程序

(1) 分析结束后，燃烧炉温度至少降至500℃以下。

(2) 退出WINVAR操作软件。

(3) 关闭主机，开启主机的燃烧单元的门及侧门，散去余热。

(4) 关闭氦气和氧气。

(5) 将主机尾气的2个出口堵住。

五、数据记录与处理

(1) 实验数据记录于表3-14中。

表3-14 实验数据记录

样品编号	元素含量/%					
	N		C		H	
	测试1	测试2	测试1	测试2	测试1	测试2
1						
2						
3						
4						
⋮						

(2) 根据实验结果分析不同炼焦煤中C、H、N含量的差别。

六、注意事项

(1) 根据Vario EL Ⅲ元素分析仪的操作模式，在一定的燃烧条件下，只适用于对可控制燃烧的大小尺寸样品中的元素含量进行分析。不能对腐蚀性化学品、酸碱溶液、溶剂、爆炸物或可产生爆炸性气体的物质进行测试。

(2) 温度稳定时(低温或高温下,不要在升温时进行)进行检漏操作。单击 Options 菜单-miscellaneous-Rough Leak Check,根据提示:减小 He 压力至 0.125 MPa,堵好尾气堵头。

(3) 为了测量的准确性,用锡箔包裹样品时,应注意挤尽空气,这是关键步骤,空气中的氧气会加速还原系统填料的氧化,使还原系统中的还原铜过早失效。空气中的 N_2 会使 N 元素的测定结果系统偏高。

(4) 在分析过程中不能随意打开燃烧单元的门,以免石英燃烧管突然遇冷,缩短寿命。

七、思考题

(1) 元素分析仪的应用有哪些?

(2) C、H、N 含量不同,对配煤炼焦有哪些影响?

(3) 通氧量的多少对样品检测有何影响?

实验六　粉体密度和堆积密度测定

物质性质对试样的进一步研究及其实验数据的分析有很大影响。单位体积粉尘的质量称为粉尘的密度,单位为 kg/m^3 或 g/cm^3。根据粉尘所指的体积不同,粉体密度又分为真密度、相对密度、堆积密度等。真密度是粉尘重要的物理性质之一,其大小直接影响粉尘在气体中的沉降或悬浮,在设计选用除尘器、设计粉料的气力输送装置及测定粉尘的质量分散度时,粉尘的真密度都是必不可少的基础数据。堆积密度与粉尘的流动性、料仓设计容积的大小有密切关系。

一、实验目的

(1) 掌握粉尘真密度和堆积密度的测定原理和方法。

(2) 掌握真密度、堆积密度、空隙率的计算方法。

(3) 分析不同粒径的滑石粉密度和堆积密度的关系。

(4) 分析不同试样混合后混合比例和堆积密度的关系。

二、实验原理

材料在绝对密实状态下,以不包括颗粒内外空隙的体积(真实体积)求得的密度,即排除所有的空隙所占的体积后,求得的物质本身的密度称为粉尘的真密度,以 ρ_b 表示。呈简单堆积状态存在的粉尘,它的体积包括颗粒之间和颗粒内部的空隙体积,以此体积计算的密度称为粉尘的堆积密度,以 ρ_p 表示。对于同一种类粉尘,堆积密度则随空隙率大小而变化。

真密度的测定原理是:将一定量的试样用天平称量,放入比重瓶中,用液体浸润粉尘,再放入真空干燥器中抽真空,排除粉尘颗粒间隙的空气,从而得到粉尘试样在真密度条件下的体积,进而得到粉尘的真密度。

设比重瓶的质量为 m_0,容积为 V_s,瓶内充满已知密度为 ρ_s 的液体,则总质量 m_1 为

$$m_1 = m_0 + \rho_s V_s \tag{3-18}$$

当瓶内加入质量为 m_c，体积为 V_c 的粉尘试样后，瓶中减少了 V_c 体积的液体，此时起总质量 m_2 为

$$m_2 = m_0 + \rho_s (V_s - V_c) + m_c \tag{3-19}$$

粉尘试样体积 V_c 可根据上述两式表示为

$$V_c = \frac{m_1 - m_2 + m_c}{\rho_s} \tag{3-20}$$

所以粉尘试样真密度为

$$\rho_b = \frac{m_c}{V_c} = \frac{m_c}{m_1 + m_c - m_2}\rho_s = \frac{m_c}{m_s}\rho_s \tag{3-21}$$

式中，ρ_b 为粉尘试样的真密度，g/cm^3；m_s 为排出液体的质量，g；m_c 为粉尘质量，g；m_1 为比重瓶加液体的质量，g；m_2 为比重瓶加液体加粉尘的质量，g；V_c 为粉尘真体积，cm^3。即

$$m_c + m_1 - m_2 = m_s = \rho_s V_c \tag{3-22}$$

以上关系可用图 3-12 表示。

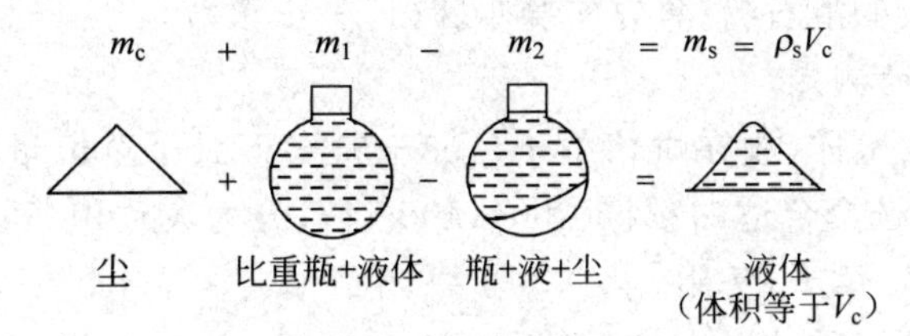

图 3-12　测定粉尘真密度的示意图

三、实验仪器和试剂

1. 仪器

(1) 鼓风烘箱：温度控制在(105±5)℃。

(2) 带有磨口毛细管塞的比重瓶：100 mL。

(3) 分析天平：0.1 mg。

(4) 真空泵：真空度>0.9×10^5 Pa。

(5) 真空干燥器。

(6) 容量筒：玻璃量筒，容积为 0.5～1 L。

(7) 不锈钢筛。

(8) 烧杯：250 mL。

(9) 直尺、漏斗、药匙、搪瓷盘、毛刷、滴管、滤纸等。

2. 试剂

(1) 滑石粉：不同目数。

(2) 土样。

四、实验步骤

1. 粉尘真密度的测定

(1) 将一定量的滑石粉试样(约 20 g)放在烘箱内，置于(105±5)℃下烘干至恒重，放在

干燥器中冷却到常温。将比重瓶洗净，编号，烘干至恒重，称重，记下质量 m_0。

(2) 向比重瓶中加入约占比重瓶容积 1/3 的粉尘试样，盖上瓶塞，称重，记为 m_3，m_3-m_0 即为粉尘的质量 m_c。

(3) 用滴管向装有粉尘试样的比重瓶内加入蒸馏水至比重瓶容积的 1/2 左右，使粉尘润湿，盖上瓶塞。

(4) 把装有粉尘试样的比重瓶及装有蒸馏水的烧杯一同放入真空干燥器中，盖好盖，抽真空。保持真空度在 98 kPa 下 15～20 min，以便把粉尘颗粒间隙中的空气全部排除，使粉尘能够全部被水湿润，亦即使水充满所有间隙，同时去除烧杯内蒸馏水中可能有的气泡。

(5) 停止抽气，通过放气阀向真空干燥器缓慢进气，待真空表恢复常压指示后打开真空干燥器盖，取出比重瓶及蒸馏水杯。

(6) 用滴管向比重瓶中加蒸馏水至瓶颈颈部，要求塞上瓶塞后有细小水珠从塞孔冒出而瓶内无气泡。用滤纸擦干瓶外表面的水后称重(注意不可将塞孔内的水吸出)，记下质量 m_2。

(7) 倒空比重瓶，清洗干净后，将比重瓶加蒸馏水至瓶颈颈部，擦干瓶外表面的水再称重，记下瓶和水的重量 m_1。

(8) 选用不同目数的滑石粉，重复实验步骤(1)～步骤(7)。

2. 粉尘堆积密度的测定

(1) 用搪瓷盘装取土样，放在烘箱中于(105±5)℃下烘干至恒量，放入干燥器中冷却，待冷却至室温后，过筛选择合适的颗粒(200～400 目)，分为大致相等的 4 份备用。

(2) 容量筒洗干净，烘干，备用。

(3) 准确称量容量筒质量。

(4) 松散堆积密度：取粉料一份，用漏斗或药匙从容量筒中心上方 50 mm 处徐徐倒入，让试样以自由落体落下，当容量筒上部试样呈锥体，且容量筒四周溢满时，即停止加料。然后用直尺沿筒口中心线向两边刮平(实验过程应防止触动容量筒)，称出试样和容量筒的总质量，精确至 0.01 g。

(5) 选用不同粒径的滑石粉，重复实验步骤(1)～步骤(4)，测定不同粒径滑石粉的堆积密度。

(6) 采用相同的方法，按照不同混合比例测定土样/滑石粉混合试样的堆积密度。

五、数据记录与处理

(1) 将真密度的测定数据记录在表 3-15 中，并根据公式(3-21)计算不同目数的粉尘真密度。真密度取多次实验结果的算术平均值，精确至 0.01 g/cm^3。

表 3-15 粉尘真密度测定数据记录

样品 1 名称：＿＿＿＿＿＿；目数：＿＿＿＿＿＿；实验温度：＿＿＿＿＿＿。

比重瓶编号	粉尘质量 m_c/g	比重瓶质量 m_0/g	比重瓶加水质量 m_1/g	比重瓶加粉尘加水质量 m_2/g	粉尘 1 真密度 /(g/cm^3)
1					
2					
3					
粉尘试样 1 平均真密度/(g/cm^3)					

续表

样品 2 名称：＿＿＿＿＿＿；目数：＿＿＿＿＿＿；实验温度：＿＿＿＿＿＿。

比重瓶编号	粉尘质量 m_c/g	比重瓶质量 m_0/g	比重瓶加水质量 m_1/g	比重瓶加粉尘加水质量 m_2/g	粉尘 2 真密度 /(g/cm³)
1					
2					
3					
粉尘试样 2 平均真密度/(g/cm³)					

(2) 堆积密度的测定数据记录在表 3-16 和表 3-17 中，计算不同粒径试样、不同比例混合试样的堆积密度。

表 3-16　不同试样的堆积密度测定数据记录

样品名称：＿＿＿＿＿＿；目数：＿＿＿＿＿＿。

不同试样/实验次数	容量筒的质量 G_2/g	容量筒和试样总质量 G_1/g	试样质量 G/g	容量筒的容积 V/L	堆积密度 /(g/cm³)
试样 1-1					
试样 1-2					
试样 1-3					
试样 1-4					
平均值					
试样 2-1					
试样 2-2					
试样 2-3					
试样 2-4					
平均值					
⋮					

表 3-17　不同比例混合试样的堆积密度测定数据记录

质量比例	1∶0	1∶1	1∶2	2∶1	0∶1
土样/滑石粉的堆积密度/(g/cm³)					

(3) 按照式(3-23)计算不同样品的松散堆积密度，取 4 次实验结果的算术平均值，精确至 0.01 g/cm³。

$$\rho_P=\frac{G_1-G_2}{V} \tag{3-23}$$

式中，ρ_P 为堆积密度，g/cm³；G_1 为容量筒和试样总质量，g；G_2 为容量筒质量，g；V 为容量筒的容积，L。

(4) 按照式(3-24)计算样品的空隙率

$$\varepsilon=\left(1-\frac{\rho_P}{\rho_b}\right)\times 100\% \tag{3-24}$$

式中，ε 为滑石粉的空隙率，%。

六、注意事项

(1) 样品加入比重瓶时要徐徐加入,不要造成管壁堵塞。

(2) 测定粉尘真空度时需保持真空度在 98 kPa 下 15～20 min,以便把粉尘颗粒间隙中的空气全部排除,使粉尘能够全部被水湿润。

七、思考题

(1) 分析样品粒径和堆积密度、真密度的关系。

(2) 分析样品粒径和空隙率的关系。

(3) 分析不同样品混合比例与堆积密度的关系。

(4) 堆积密度测量不适合哪些颗粒?

(5) 粉尘真密度测定实验过程中的误差有哪些?

实验七　活性污泥生物相观察实验

活性污泥法是生物法处理废水的主体,污泥中微生物的生长、繁殖、代谢活动以及微生物之间的演替情况往往直接反映了污泥处理状况。因此,在操作管理中除了利用物理、化学的手段来测定活性污泥的性质外,还可借助于显微镜观察微生物的状况来判断废水处理的运行情况,以便及早发现异常状况,及时采取适当的对策,保证废水处理稳定运行,提高处理效果。

一、实验目的

(1) 了解观察活性污泥生物相的意义。

(2) 掌握用显微镜观察活性污泥生物相的方法。

(3) 掌握微生物和原生动物对污泥所处状态的指示意义。

二、实验原理

活性污泥中丝状细菌数量是影响污泥沉降性能最重要的因素。根据活性污泥中丝状菌与菌胶团细菌的比例,可将丝状菌分成 5 个等级: 0 级、±级、+级、++级、+++级(图 3-13)。当污泥中丝状细菌生长繁殖过多时,其可以从絮体中向外伸展,将阻碍絮体间的凝聚,导致污泥沉降比(sludge settling velocity,SV)和污泥容积指数(sludge volume index,SVI)升高,引发活性污泥膨胀。

污泥沉降比(SV)又称污泥沉降体积(SV30),能及时反映污泥膨胀等异常情况,便于污水处理厂工作人员及早查明原因,采取有效的应对措施,可以根据式(3-25)计算。污泥容积指数(SVI)能较好地反映活性污泥的松散程度(活性)和凝聚沉降性能,一般为 50～150。若 SVI 值过低,说明泥粒细小紧密、无机物多,缺乏活性和吸附能力。若 SVI 值过高,表明污泥絮体松散、沉降性能不好,即将膨胀或已经膨胀。可以根据式(3-26)进行计算。

$$SV=\frac{V_1}{V_0} \tag{3-25}$$

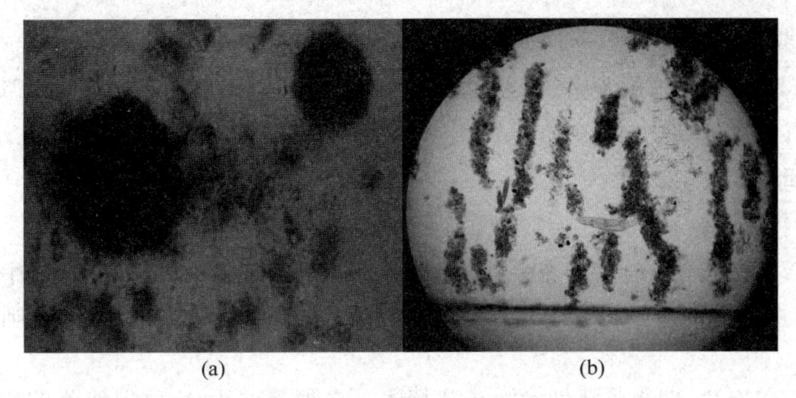

(a)　　(b)

图 3-13　污泥颗粒和菌胶团

(a) 污泥颗粒凝结核；(b) 菌胶团

$$SVI = \frac{V_1}{m_0} \tag{3-26}$$

式中，SV 为污泥沉降比，%；SVI 为污泥容积指数，mL/g；V_0 为混合液在 1 L 量筒中静置前的体积，mL；V_1 为混合液在 1 L 量筒中静置沉淀 30 min 后的污泥体积，mL；m_0 为混合液静置 30 min 后干污泥质量，g。

污泥絮体大小对污泥初始沉降速率影响较大，絮体大的污泥沉降快。污泥絮体大小按平均直径可分成三等：大粒污泥，平均直径$>$500 μm；中粒污泥，平均直径在 150～500 μm；细粒污泥，平均直径$<$150 μm。

絮体中菌胶团细菌排列致密，絮体边缘与外部悬液界限清晰的称为紧密的絮体；边缘界限不清的称为疏松的絮体。

活性污泥中的原后生动物多以单体存在，且以游离细菌作为捕食对象，在污泥形成过程中存在生物相变化，因此，其种类、数量等可用以指示活性污泥形状。常见的几种原生动物如图 3-14 所示。

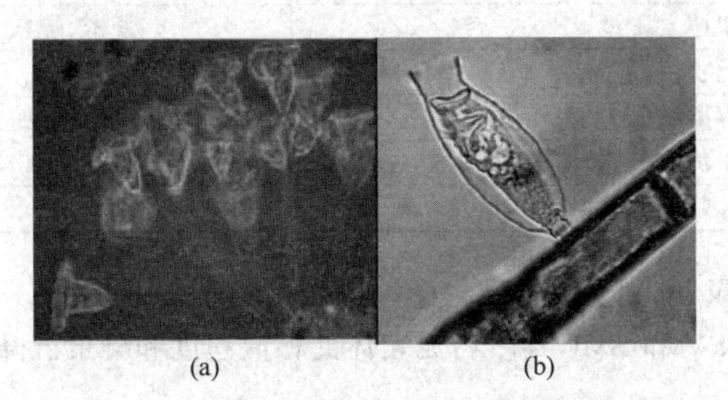

(a)　　(b)

图 3-14　活性污泥中常见的微型动物

(a) 钟虫；(b) 固着型纤毛虫

实践证明，活性污泥絮粒大、边缘清晰、结构紧密、呈封闭状，浓缩沉降性能良好；絮粒以菌胶团细菌为骨架，穿插生长一些丝状菌，但丝状菌数量远少于菌胶团细菌，未见游离细菌。微型动物以固着类纤毛虫为主，如钟虫、盖纤虫、累枝虫等；还可见到楯纤虫在絮粒上爬动，偶尔还可看到少量的游泳型纤毛虫等，轮虫生长活跃。这是运行正常的污水处理设施的活性污泥生物相，表明污泥沉降及凝聚性能较好。

三、实验仪器和试剂

(1) 显微镜、载玻片、盖玻片、擦镜纸、乙醇-乙醚混合液(体积比=3∶7)、1 L量筒、吸管。

(2) 取自污水处理厂活性污泥法曝气池末端的活性污泥样品。

四、实验步骤

1. 压片标本的制备

(1) 取活性污泥曝气池混合液一小滴,放在洁净的载玻片中央(如混合液中污泥较少可待其沉淀后,取沉淀的活性污泥一小滴加到载玻片上,如混合液中污泥较多,则应稀释后进行观察)。

(2) 盖上盖玻片,即制成活性污泥压片标本。在加盖玻片时,要先使盖玻片的一边接触样品,然后轻轻放下,否则易形成气泡,影响观察。

2. 显微镜观察

(1) 低倍镜观察:污泥絮体性状是指污泥絮体的形状、结构、紧密度及污泥中丝状菌的数量。

镜检时可把近似圆形的絮粒称为圆形絮体,与圆形截然不同的称为不规则形状絮体。絮体中网状空隙与絮体外面悬液相连的称为开放结构;无开放空隙的称为封闭结构。

(2) 高倍镜观察:用高倍镜观察,可进一步看清微型动物的结构特征,观察时注意微型动物的外形和内部结构,进行记录并绘图。

五、数据记录与处理

(1) 将观察结果填入表3-18,选择与结果相符者打"√"表示,并绘制微生物图。

表3-18 实验观察记录表

观察参数		参数表示
	絮体大小	大、中、小(平均 μm)
	絮体形态	圆形、不规则形
	絮体结构	开放、封闭
	絮体紧密度	紧密、疏松
	丝状菌数量	0、±、+、++、+++
	游离细菌	几乎不见、少、多
微型动物	优势种(数量及形态)	
	其他种(种类、数量及状态)	

(2) 根据观察结果,绘制微生物结构图。

(3) 计算样品的SV和SVI,判断污泥絮体的松散程度和凝聚沉降性能。

六、注意事项

(1) 活性污泥样品应从曝气池末端采样。

(2) 采样样品应为泥水充分混合液,取样后应在常温下操作并尽早观察。

(3) 制备压片标本前,需要先将污泥混合均匀再取样。

七、思考题

(1) 哪些因素可以引起污泥膨胀?

(2) 污泥生物相观察对污泥所处状态能够提供什么信息?

实验八　污泥中氧化物含量的测定

城市污泥，也称市政污泥，是城市污水处理过程中不可避免的副产物，是由水、泥沙、纤维、动植物残体以及各种絮体、胶体、有机质、微生物、细菌、虫卵等组成的复杂多相体系。截至2022年年底，全国累计建成污水处理厂约4500座，年产生含水量80%的污泥6500多万吨。

污泥在建材领域的应用十分广泛，不仅富含有机物，还包含20%～30%的无机物，这些无机物的主要构成元素为Si、Al、Fe、Ca，与建筑材料的生产原材料成分较为相似。国内很多企业已经利用干化污泥或焚烧灰制造陶粒、玻璃、水泥、砖块等，其中利用污泥制备陶粒就是一种经济环保的处置方法。污泥陶粒因其表面有光滑而坚硬的釉层、内部孔隙呈蜂窝状，具有质量轻、强度高、耐化学侵蚀、抗冻、耐高温、隔音和保温等特征，主要应用在建筑材料、过滤处理、环境改造等方面。

陶粒的烧胀行为及物理化学性能主要由原料的化学成分所决定，其中氧化物在陶粒制备过程中起关键作用。Riley经过大量的实验研究，提出了著名的三元相图(图3-15)。

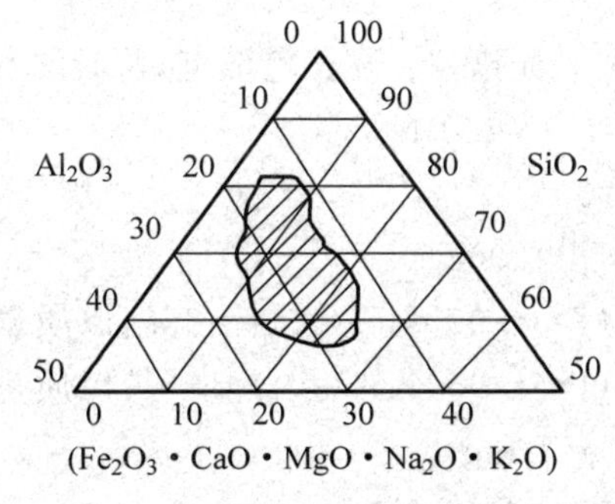

图3-15　Riley相图中原料的化学成分范围

SiO_2结构紧密，高温下不易被破坏，SiO_2含量越高，污泥陶粒制品强度越高。Al_2O_3决定陶粒制品的抛光性和吸附性，利于原料搅拌均匀，陶粒制品表面光滑度、实用性和观赏性都很强。但当Al_2O_3含量大于25%时，会提高陶粒的烧结温度，加剧能耗，不利于实际生产。Fe、Ca、Mg、Na和K等碱金属的氧化物能起到助熔作用，拓宽坯料的烧结温度范围，坯料内部生成气体且包裹在内部的温度范围就会变大，利于陶粒的膨胀。

具有良好烧胀性的陶粒，其原料的化学成分有一定范围限制。原料的化学成分范围如下：SiO_2在40%～78%，Al_2O_3在10%～25%，熔剂之和(Fe_2O_3、CaO、MgO、Na_2O、K_2O)在13%～26%。因此，在污泥烧制陶粒实验中，需要根据原料化学成分分析与Riley三元图，进行污泥陶粒配合比的计算。

一、实验目的

(1) 掌握污泥中氧化物测定的原理。

(2) 了解波长色散型X射线荧光光谱仪的工作原理。

(3) 熟悉测定污泥氧化物含量的实验过程。

二、实验原理

样品经熔融玻璃片法或粉末压片法制样，试样中各元素原子在波长色散型 X 射线荧光光谱仪(WD-XRF)中，经激发放射出特征 X 射线谱线，谱线经重叠和基体效应校正后其强度与试样中该元素的质量分数成正比。通过测量试样中目标物的特征 X 射线谱线强度，定量分析试样中各元素的质量分数。

实验过程中影响测量结果的因素包括基体干扰、谱线重叠干扰和颗粒效应。样品中基体干扰包括基体元素对目标元素 X 射线谱线强度的吸收和增强效应。通过经验系数法或基本参数法等数学解析方法计算处理后可减小这种基体效应的影响。

在样品分析过程中，目标元素分析谱线可能会受到基体中其他元素谱线的干扰。选择目标元素分析谱线时宜避免基体中其他元素谱线的干扰，也可通过分析多个标准样品的测定结果计算谱线重叠干扰校正系数，用于消除干扰。

采用粉末压片法制备试样时，样品的粒度、不均匀性和表面结构等都会对目标元素的特征 X 射线谱线强度造成影响，宜控制这些因素。实测样品粒度与标准样品宜保持一致，亦可采取熔融玻璃片法减小或消除这些影响。

三、实验仪器和试剂

1. 仪器

(1) 波长色散型 X 射线荧光光谱仪：波长色散型，具计算机控制系统。

(2) 粉末压样机：压力≥3.9×105 N。

(3) 马弗炉：可加热至 1200℃。

(4) 熔融制样机：可加热至 1200℃。

(5) 铂—金合金坩埚：$w(Pt)=95\%$、$w(Au)=5\%$，以质量分数计。

(6) 铂—金合金铸模：$w(Pt)=95\%$、$w(Au)=5\%$，以质量分数计。

(7) 天平：实际分度值优于 1 mg。

(8) 非金属筛：孔径为 75 μm(200 目)。

(9) 烘箱：温度可控制在(105±5)℃。

(10) 烧杯、玻璃棒、容量瓶等。

2. 试剂

(1) 无水四硼酸锂($Li_2B_4O_7$)：优级纯。

(2) 无水偏硼酸锂($LiBO_2$)：优级纯。

(3) 硼酸(H_3BO_3)或高密度低压聚乙烯粉。

(4) 硝酸锂溶液：$\rho_{LiNO_3}=220$ g/L。称取 22.0 g 硝酸锂($LiNO_3$)溶于适量水中，溶解后加水定容至 100 mL，摇匀。

(5) 溴化锂溶液：$\rho_{LiBr}=60$ g/L。称取 6.0 g 溴化锂(LiBr)溶于适量水中，溶解后加水定容至 100 mL，摇匀。

(6) 氧化物标准样品。

(7) 塑料环。

(8) 氩气—甲烷气：$\varphi(Ar)=90\%$、$\varphi(CH_4)=10\%$，以体积分数计。

四、实验步骤

1. 试样制备

(1) 取城市污水厂脱水污泥风干、粗磨、细磨后经过 200 目非金属筛，于烘箱中 105℃烘干备用。

(2) 试样制备。试样制备有熔融玻璃片法和粉末压片法 2 种，本实验选用粉末压片法制备样品。

a. 熔融玻璃片法。以 34 mm 样品杯熔融玻璃片制样为例：称取(1.000±0.005)g 烘干后样品与熔剂(6.700±0.005)g 无水四硼酸锂、(3.300±0.005)g 无水偏硼酸锂混合，置于铂—金合金坩埚中，加入 1 mL 硝酸锂溶液(4)和 1 mL 溴化锂溶液(5)，在马弗炉中600℃加热预氧化 10 min，然后转入熔融制样机，升温至 1050℃熔融。熔融过程中应摇动坩埚将气泡赶尽，并使熔融物混匀。将熔融体在铂—金合金铸模中浇注成型。玻璃状熔融样片应均匀透明、表面光洁、无气泡。

b. 粉末压片法。用硼酸或高密度低压聚乙烯粉垫底、镶边，或塑料环镶边，将约 5 g 样品置于粉末压样机上，以一定的压力制成表面平整、无裂痕的薄片。

2. 建立测量方法

根据确定的目标元素选择并优化分析谱线，从仪器数据库中选择最佳工作条件，主要包括元素的分析谱线、X 射线管的电压和电流、分光晶体、准直器、测角仪、探测器、脉冲高度分布(PHA 或 PHD)、背景校正等，其中分析谱线谱峰、背景点位置和脉冲高度分布(PHA 或 PHD)可根据标准样品扫描结果调整确认。可根据仪器品牌选择适当的参考条件，仪器参考条件参考《固体废物—无机元素的测定波长色散 X 射线荧光光谱法》(HJ 1211—2021)。

3. 校准曲线的建立

按照与试样制备相同的操作步骤，将 15 个不同质量分数且质量分数分布均匀的标准样品压制成片，7 种氧化物的校准曲线范围参见表 3-19。在仪器最佳工作条件下，依次上机测定，记录目标元素和相关元素特征谱线强度。以氧化物的质量分数为自变量，以目标元素校正后的特征谱线强度为因变量，建立校准模型。校准参数包括谱线重叠干扰系数、基体效应校正系数、校准曲线斜率和截距。

表 3-19　测定元素校准曲线范围

氧化物	SiO_2	Al_2O_3	Fe_2O_3	K_2O	Na_2O	CaO	MgO
质量分数/%	32.7～78.3	9.65～29.3	2～18.8	0.2～3.28	0.08～8.96	0.1～8.27	0.26～2.96

4. 测定试样

按照与校准曲线相同的条件测定污泥试样。

五、数据记录与处理

固体废物样品中氧化物的质量分数(%)，按照式(3-27)计算。

$$\omega_i = k \times (I_i + \beta_{ij} \times I_m) \times \left(1 + \sum \alpha_{ij} \times w_j\right) + b \tag{3-27}$$

式中，ω_i 为待测试样中氧化物的质量分数，%；i 为待测氧化物；k 为校准曲线的斜率；I_i 为待测氧化物的 X 射线谱线强度，kcps；β_{ij} 为谱线重叠校正系数；j 为基体校正元素；I_m

为谱线重叠的理论计算强度；m 为谱线重叠元素；α_{ij} 为基体校正元素对待测氧化物的 α 影响系数；w_j 为基体校正元素的质量分数，%；b 为校准曲线的截距。

六、注意事项

（1）制备粉末样品时，通常采用手工或机械方式进行湿法研磨，即在样品中加入适量酒精、乙醚或乙胺醇等有机试剂的混合研磨方法。

（2）每次更换氩气—甲烷气后，应复查与流气式正比计数器有关的元素测定条件，即脉冲高度分布(PHA 或 PHD)的高低限值是否有明显变化。

（3）更换 X 射线管后，调节电压、电流时，应从低电压和低电流逐步调节至工作电压和工作电流。仪器每次开机时应逐步调节电压和电流，不能一次到位。

（4）当元素质量分数的测定结果超出校准曲线范围时，应使用其他分析方法进行验证。

（5）采用粉末压片法制样品时，对于一些不易成形的样品，可提高压力强度和压片时间，或者加入 10%～20%的黏结剂(如微晶纤维素、硼酸、聚乙烯、石墨等)，搅拌研磨混合均匀后加压成形。校准曲线的标准样品应做同样处理，样品和黏结剂配制比例应保持一致。

七、思考题

（1）在污泥陶粒制备中，原料的氧化物含量应该满足什么关系？为什么？

（2）波长色散型 X 射线荧光光谱仪的工作原理是什么？

（3）根据实验测定的污泥氧化物含量，如何调整其他原料的比例以满足陶粒制备要求？

实验九　固体废物中镉元素含量的测定

镉并不是人体必需元素。作为备受关注的重金属污染元素之一，镉元素有毒，其化合物毒性更大，如果摄入镉超标可导致人发生镉中毒。在自然界中，镉一般作为锌的伴生矿存在，单独矿物不多。镉原本以相对稳定的形式存在，但是随着工业化发展，以及镉在冶金、印染、电镀、化工、建材等行业中被普遍使用，导致镉以多种形式、大量进入生态环境当中。如果与被镉污染的空气、水体接触，特别是在未知状况下长期食用被镉污染的土壤生产的食物，会造成镉在人体内的累积。同时，镉在人体内的代谢缓慢，对人体多器官会形成严重的健康危害，比如引起骨痛病。因此，世界卫生组织将镉列为重点研究的食品污染物，国际癌症研究机构将镉归类为人类致癌物，镉会对人类造成严重的健康损害，美国毒物和疾病登记署将镉列为第七位危害人体健康的物质，我国也将镉列为实施排放总量控制的重点监控指标之一。

一、实验目的

（1）掌握土壤样品中镉的湿法消解处理原理和步骤流程。

（2）了解火焰原子吸收分光光度法测定元素镉的技术原理。

二、实验原理

土壤中金属元素的测定方法主要包括：火焰原子吸收分光光度法、石墨炉原子吸收分光光度法、氢化物-原子荧光光谱法、电感耦合等离子体发射光谱法、KI-MIBK 萃取火焰原子吸收分光光度法、阳极溶出伏安法等。本次实验以实验室通常使用的火焰原子吸收分光光度法测定土样中元素镉的含量。

土壤样品中包括镉、铅、铜、锌、铁、铬、镍、锰等在内的多种金属元素，都可以通过加入盐酸、硝酸、高氯酸、氢氟酸，或者几种酸的混合溶液，在中高温的加热过程中，彻底破坏土壤的矿物晶格，使得样品中的待测目标元素全部进入到溶液当中。随后，将消解完全、处理好的试样溶液直接吸入到原子吸收分光光度计的空气-乙炔火焰，在火焰中形成镉等元素的基态原子蒸气，对空心阴极灯光源发射的特征电磁辐射谱线产生选择性吸收。在选择得到的最佳检测条件下，将测得的试样溶液吸光度扣除全程序试剂空白吸光度，与标准溶液的吸光度进行比较，从而得到土壤样品中镉等目标元素的含量。

三、实验仪器和试剂

1. 仪器

(1) 火焰原子吸收分光光度计：镉空心阴极灯、氩气钢瓶。仪器工作条件因品牌型号各异，可以参考表 3-20 相关数值。

(2) 分析天平、微波消解仪、自动控温加热器(赶酸器)、恒温水浴锅、带盖聚四氟乙烯坩埚、电热板、土筛、烘箱、玛瑙研钵。

(3) 玻璃仪器：容量瓶(10 mL、50 mL、1000 mL)、滴管、移液管(1 mL、2 mL、5 mL、10 mL)。

表 3-20 火焰原子吸收分光光度计分析金属镉的工作条件

目标元素	镉(Cd)
光源	空心阴极灯
测定波长/nm	228.8
通带宽度/nm	1.3
灯电流/mA	7.5
火焰类型	空气-乙炔，氧化型，蓝色火焰

2. 试剂

(1) 镉的标准储备液(1 g/L)：准确称取金属镉粉(光谱纯)1.000 g，置于 50 mL(1∶5)的硝酸当中，微热使之溶解。待溶液冷却后，转移到 1000 mL 容量瓶中，用去离子水稀释、定容至标线，备用。

(2) 镉的标准使用溶液(5 mg/L)：准确移取 5.0 mL 镉的标准贮备液，置于 1000 mL 容量瓶中，用去离子水稀释、定容至标线，并摇动均匀，此时所得溶液即为浓度为 5 mg/L 的标准使用溶液。镉的标准使用溶液，也可以通过购买已知浓度的标准试剂配备。

(3) 盐酸：优级纯。

(4) 硝酸：优级纯。

(5) 硝酸溶液：$V/V=1:5$，稀硝酸溶液：0.2%(体积分数)。

(6) 氢氟酸：优级纯。

(7) 高氯酸：优级纯。

四、实验步骤

1. 样品的采集、保存和预处理

在目标地块采集土壤样品(一般不少于 500 g)，将所得土样混匀后，用四分法缩分至约

100 g。将缩分后的土样经风干(自然风干或冷冻干燥)后,除去土样中的砂石、动植物残体等杂质。用木棒(或玛瑙棒)研压磨碎,通过 2 mm 尼龙筛(用以除去 2 mm 以上的砂砾),翻动混合混匀。用玛瑙研钵继续研磨通过 2 mm 尼龙筛的土样,使其至全部通过 100 目(直径 0.149 mm)的尼龙筛,将所得过筛样品翻动并混合均匀,备用。

如果样品需要长时间保存,应将其置于封口袋中密封,标识样品信息,然后在冰箱中,4℃下避光保存、备用。

2. 试样的制备

(1) 准确称取 0.3~0.5 g(精确至 0.0001 g)土壤样品,置样于 50 mL 的聚四氟乙烯坩埚中。用水润湿后,加入 5 mL 盐酸,置于通风橱内的电热板上低温加热,使样品初步分解,当蒸发至剩余 2~3 mL 时,将坩埚取下冷却。

(2) 向坩埚中,加入 5 mL 硝酸、4 mL 氢氟酸、2 mL 高氯酸,然后加盖置于电热板上,中温继续加热 1 h 左右。开盖继续加热,目的是去除土样中的硅。为了达到良好的飞硅效果,应当不时地摇动坩埚。

(3) 当持续加热至坩埚冒浓厚的高氯酸白烟时,坩埚加盖,使土样中黑色的有机碳化物充分分解。待坩埚内的黑色有机物消失后,开盖驱赶白烟并蒸至内容物呈黏稠状。

(4) 根据上述消解过后的结果,可再加入 2 mL 硝酸、2 mL 氮氟酸、1 mL 高氯酸,重复上述消解过程。当白烟再次基本冒尽,且坩埚内容物呈黏稠状时,取下稍冷,用水冲洗坩埚盖和内壁,加入 1 mL 硝酸溶液(1∶5)、温热溶解残渣。

(5) 将坩埚中溶液转移至 50 mL 容量瓶中,待溶液冷却后,用水稀释、定容至标线,摇匀备测。同时做全程序的试剂空白试验。

为了提高土样消解步骤的工作效率,也可以利用微波消解仪,使得土壤样品与混合酸溶液吸收微波能量后,增加整体的反应活性,从而在高温、高压条件下,将土样中的金属镉释放到酸溶液中来。采用密闭的微波消解装置,利用配制的消解罐,能够一次性完成多个样品的预处理工作。消解仪的功率通常为 400~1600 W,感应温控精度为±2.5℃。微波消解的一般流程如下。

(1) 准确称取干燥、过筛的样品 0.2~0.5 g(精确到 0.1 mg),置于消解罐中,用少量水润湿。在通风橱中,依次向罐中加入 3 mL 盐酸、6 mL 硝酸、2 mL 高氯酸,使得样品与混酸溶液混合均匀,并使其反应几分钟,等到溶液中没有明显的气泡产生,用配套的专业扳手将罐盖拧紧到位。

(2) 将消解罐安装在消解支架上,放入微波消解仪的炉腔体内,确认温度和压力传感器连接到位并正常工作。设定升温程序进行消解,结束后通风冷却,待消解罐温度降至室温,在通风橱内取出消解罐,缓慢打开释放压力,然后完全开盖。

将消解罐转移到自动控温赶酸器中,用少许的水冲洗消解罐盖子内面,一并汇集到消解罐中,然后在中温条件下加热赶酸。当溶液浓缩成黏稠状时,稍微冷却,用滴管移取少量 2%硝酸溶液冲洗罐体内壁,溶解附着在内壁上的残渣。

(3) 待溶液冷却后,转移到 50 mL 容量瓶中,用 2%硝酸溶液多次冲洗罐体内壁,冲洗液并入容量瓶中,再用 2%硝酸溶液定容至容量瓶的标线。将容量瓶摇动混匀,静置至少 1 h 后,取上清液测定其中元素镉的浓度。

3. 校准曲线的绘制

分别移取镉的标准使用溶液 0、0.50、1.00、2.00、3.00、4.00、5.00 mL，置于一系列的 50 mL 容量瓶中。用 0.2%浓度的硝酸溶液稀释、定容至标线，摇匀备测。此系列容量瓶中，镉的含量依次为 0、0.05、0.10、0.20、0.30、0.40、0.50 μg/mL。测定吸光度，以标准溶液中镉的浓度作为横坐标，吸光度作为纵坐标，绘制校准曲线，并计算斜率。

4. 样品的测定

校准曲线法：按绘制校准曲线的条件测定试液的吸光度，扣除试剂空白的吸光度，从校准曲线上查得镉的含量。

五、数据记录与处理

土样中镉的含量可以通过式(3-28)计算。

$$\omega_{\mathrm{cd}} = \frac{cm}{V} \tag{3-28}$$

式中，c 为从校准曲线上查得的镉的含量，μg/L；V 为土壤试样的定容后体积，mL；m 为称取的土壤样品的质量，g。

六、注意事项

(1) 土样的消解过程中，加入高氯酸后须防止溶液蒸干，否则土壤中存在的铁盐或者铝盐会形成难溶的金属氧化物包裹镉，造成测定结果偏低。

(2) 镉是原子吸收法最灵敏的元素之一，其分析线波长 228.8 nm 处于紫外区，很容易受光散射和分子吸收的干扰。在 220.0～270.0 nm，氯化钠有强烈的分子吸收能力，覆盖了 228.8 nm 线。此外，钙、镁的分子吸收和光散射也十分强。这些因素使得镉的表观吸光度增大。直接火焰法一般只能测定受污染土壤中的铅、镉和含铅、镉量较高的土壤试样，且在使用直接火焰法测定时，最好使用背景扣除装置或者用标准加入法。

(3) 实验过程中务必做好个人防护并规范操作。实验中所有的消解和赶酸等相关步骤环节必须在通风橱中完成。由于高氯酸的强氧化性及其受热易于爆炸，因此，在使用过程要注意安全，并根据实际情况适量添加。

七、思考题

(1) 通过哪些手段或者方式可以使土壤固体可能完全地溶解到混酸当中？

(2) 当消解后的混酸溶液呈现不同程度黄色，或者有少量白色(或者透明)颗粒，甚至是黑色粉末斑痕的时候，是否会对测定结果产生影响？应如何避免？

(3) 除了适当提高消解温度外，还有哪些可行性措施或者手段可以提高消解或者赶酸效率？

实验十　蔬菜水果中农药残毒的测定

农药是指农业上用于防治病虫害及调节植物生长的化学药剂，广泛用于农林牧业生产、环境和家庭卫生除害防疫、工业品防霉与防蛀等领域。农药残留已成为威胁食品安全的关键性问题之一。农药品种很多,按照化学结构的不同,可分为有机氯类、有机磷类、有机氮类、有机硫类、氨基甲酸酯类、拟除虫菊酯类、酰胺类、脲类、醚类、酚类、苯氧羧酸类、三唑类、杂环类、苯甲酸类、有机金属化合物类等。根据防治对象的不同,农药可分为杀虫剂、杀菌剂、杀螨剂、杀线虫剂、杀鼠剂、除草剂、脱叶剂、植物生长调节剂等。常用于果蔬、谷物中的农药包括以下4类:有机磷类、有机氯类、拟除虫菊酯类和氨基甲酸酯类。长期食用残留农药超标的食品或农产品会导致人体免疫力下降、引发肠胃疾病、损害神经元、加重肝脏负担、致癌等。针对不同类型食品中的残留物,各个国家和地区均制定了相应的限量标准。2021年3月,我国农业农村部发布了最新版《食品安全国家标准　食品中农药最大残留限量》(GB 2763—2021)标准,于2021年9月3日正式实施。该标准规定了食品中564种农药的10 092项最大残留限量。

一、实验目的

(1) 掌握农药残毒测定仪的使用方法。

(2) 理解酶抑制法测定农药残留含量的基本原理。

二、实验原理

随着人们对食品安全的重视,新标准对农药残留物的检测技术也提出了更高的要求。气相色谱/液相色谱-质谱联用是选择性强、准确度高、灵敏度高、检测限低的常规检测方法,能够实现多种农药残留物的定性和定量检测。电化学分析法、酶抑制法、免疫分析法、生物传感器法、光谱分析法等可以快速检测蔬菜、水果的农药残留物含量。酶抑制法操作简单、成本低、反应时间短、技术相对成熟,主要用于测定有机磷类和氨基甲酸酯类农药。有机磷类和氨基甲酸酯类农药对生物体内的乙酰胆碱酯酶具有抑制作用。乙酰胆碱酯酶是生物神经传导中的一种关键性酶,该酶能降解乙酰胆碱,保证神经信号在生物体内的正常传递,促进神经元发育和神经再生。

本实验以碘化乙酰硫代胆碱为底物,在乙酰胆碱酯酶的作用下,碘化乙酰硫代胆碱水解成硫代胆碱和乙酸,硫代胆碱和二硫双对硝基苯甲酸产生显色反应,使反应液呈黄色,在特定波长(410 nm)处有最大吸收峰。若待测样品中含有有机磷或氨基甲酸酯类农药,则乙酰胆碱酯酶的活性被抑制,其水解作用减弱,生成的硫代胆碱也相应减少,反应液变浅。根据酶活性受农药的抑制程度(以抑制率表征),从而确定农产品中农药残留情况。抑制率(η)计算公式为

$$\eta=\frac{\Delta A_{\mathrm{c}}-\Delta A_{\mathrm{s}}}{\Delta A_{\mathrm{c}}}\times 100\% \tag{3-29}$$

式中,ΔA_{c}为对照溶液反应3 min的吸光度的变化值;ΔA_{s}为样品溶液反应3 min的吸光度的变化值。

若待测样本的$\eta<50\%$,农药残留物未超标;$50\%\leqslant\eta<70\%$,农药残留物超标;$70\%\leqslant\eta\leqslant100\%$,农药残留物严重超标。

三、实验仪器和试剂

1. 仪器

(1) 农药残毒速测仪(RP508),恒温培养箱,如图3-16所示。

(2) 玻璃比色皿:10 mm×10 mm;容量瓶:500 mL;移液管:1 mL、5 mL、10 mL;烧

图 3-16　实验仪器装置示意图

杯：100 mL；平底试管。

(3) 其他：定性滤纸、电子天平、剪刀。

2. 试剂

乙酰胆碱酯酶，碘化乙酰硫代胆碱(底物)，磷酸缓冲溶液，二硫双对硝基苯甲酸(显色剂)。

四、实验步骤

(1) 准备仪器：开机自检，预热 30 min 后可以正常测量。打开样品池盖，按下“0”键，即 $\tau=0$，然后盖上样品池盖，按下“100%”键，即 $\tau=100\%$。

(2) 配制样品溶液：选取若干有代表性的蔬菜、水果样品，用定性滤纸吸去表面上的水分，并擦去表面的泥土，剪 1 cm 左右见方的碎片与烧杯中。称取 1.0 g 样本放入小烧杯中。加入 5 mL 磷酸缓冲溶液，浸没样本，室温放置 10 min(不时摇晃)，倒出提取液，静置 3～5 min。用移液管移取 2.5 mL 上清液于试管内待测，此为样品溶液。

(3) 配制参比溶液：向平底试管中加入 2.5 mL 磷酸缓冲溶液，作为参比溶液。

(4) 测定抑制率：向参比溶液与样品溶液中分别加入 0.1 mL 酶，摇匀后放置于恒温培养箱中培养 30 min(37℃)；取出参比溶液与样品溶液后，分别加入 0.1 mL 显色剂，然后分别快速加入 0.1 mL 底物，摇匀。此时开始显色反应，立即将参比溶液和样品溶液倒入比色皿中，然后按照从右向左的顺序，依次放入参比 1、样品 2、样品 3、样品 4、样品 5、样品 6、样品 7 等比色池中，盖好样品室盖，按“开始”键，等待 3 min 后仪器显示抑制率。

五、数据记录与处理

(1) 记录测定结果于表 3-21 中。

表 3-21　实验测定结果

样　本	抑　制　率			
	$\eta_{平行样1}$	$\eta_{平行样2}$	$\eta_{平行样3}$	平均值
1				
2				
3				
⋮				

（2）根据实验测定的抑制率判断待测样品的农药残留是否超标。

六、注意事项

（1）参比溶液必须放在样品池参比1的位置，每批样品的控制时间、温度等条件必须与参比溶液的条件完全一致。

（2）样品放入比色池时，注意不要让溶液溅入样品室，以防腐蚀。

（3）仪器中所有的镜面均不能用手或硬物体接触，以免损坏仪器。

七、思考题

（1）影响酶抑制法测定农药残留的因素有哪些？

（2）使用磷酸缓冲溶液的意义是什么？

实验十一 红外光谱测定环境有机化合物结构实验

红外光谱是分子能选择性吸收某些波长的红外线，而引起分子中振动能级和转动能级的跃迁，检测红外线被吸收的情况可得到物质的红外吸收光谱，又称分子振动光谱或振转光谱。

红外光谱对样品的适用性相当广泛，固态、液态或气态样品都能应用，无机、有机、高分子化合物都可以检测。此外，红外光谱还具有测试迅速、操作方便、重复性好、灵敏度高、试样用量少、仪器结构简单等特点，因此，它已成为现代结构化学与分析化学最常用和不可缺少的工具。红外光谱在高聚物的构型、构象、力学性质的研究以及物理、天文、气象、遥感、生物、医学等领域也有广泛的应用。

红外吸收峰的位置与强度反映了分子结构的特点，可以用来鉴别未知物的结构组成或确定其化学基团；而吸收谱带的吸收强度与化学基团的含量有关，可用于进行定量分析和纯度鉴定。另外，在化学反应的机制研究上，红外光谱也发挥了一定的作用，但其应用最广的还是未知化合物的结构鉴定。

一、实验目的

（1）学会压片法制备样片技术。

（2）掌握红外光谱测定流程。

（3）掌握红外光谱与有机化合物结构的关系。

（4）了解红外光谱仪的结构。

二、实验原理

1. 红外吸收光谱的产生条件

（1）红外辐射光的频率与分子振动的频率相当，才能满足分子振动能级跃迁所需的能量。

（2）必须是能引起分子偶极矩变化的振动才能产生红外吸收光谱。

2. 分子振动方程

任意两个相邻的能级间的能量差为

$$v=\frac{1}{\lambda}=\frac{1}{2\pi c}\sqrt{\frac{k}{\mu}}=1307\sqrt{\frac{k}{\mu}} \tag{3-30}$$

式中,k 为化学键的力常数,与键能和键长有关;μ 为双原子的折合质量 $\mu=m_1m_2/(m_1+m_2)$。

发生振动能级跃迁需要能量的大小取决于键两端原子的折合质量和键的力常数,即取决于分子的结构特征。

3. 红外光谱仪的构造

红外光谱仪由光源、样品室、窗片、干涉仪、分束器、检测器等组成,如图 3-17 所示。其中光源可以是能斯脱灯、硅碳棒、高压汞灯等;所用检测器主要有热探测器和光电探测器,前者有热电偶、硫酸三甘肽、氘化硫酸三甘肽等;后者有碲镉汞、硫化铅、锑化铟等。常用的载样片材料有氯化钠、溴化钾、氟化钡、氟化锂、氟化钙,它们适用于近、中红外区。在远红外区可用聚乙烯片或聚酯薄膜。

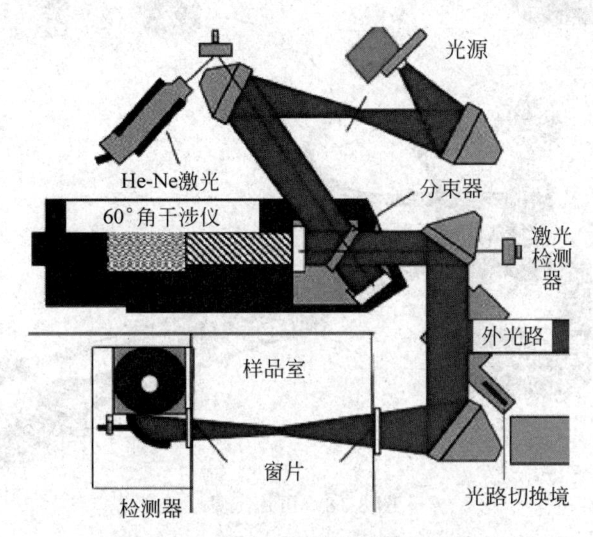

图 3-17 红外光谱仪基本构造示意图

4. Fourier 变换红外光谱仪工作原理

红外光谱仪中的 Michelson 干涉仪的作用是将光源发出的光分成两光束后,再以不同的光程差重新组合,发生干涉现象。当两束光的光程差为 $\pi/2$ 的偶数倍时,则落在检测器上的相干光相互叠加,产生明线,其相干光强度有极大值;相反,当两束光的光程差为 $\pi/2$ 的奇数倍时,则落在检测器上的相干光相互抵消,产生暗线,相干光强度有极小值。由于多色光的干涉图等于所有各单色光干涉图的加合,故得到的是具有中心极大,并向两边迅速衰减的对称干涉图。

干涉图包含光源的全部频率和与该频率相对应的强度信息,所以如有一个有红外吸收的样品放在干涉仪的光路中,由于样品能吸收特征波数的能量,结果所得到的干涉图强度曲线就会相应地产生一些变化。包括每个频率强度信息的干涉图,可借数学上的 Fourier 变换技术对每个频率的光强进行计算,从而得到吸收强度或透过率和波数变化的普通光谱图。

三、实验仪器和试剂

1. 仪器

红外光谱仪及配套设施，包括压片机、研钵、配套模具等，如图 3-18 所示。

图 3-18　压片工具

2. 试剂

溴化钾、待测样品（肉桂酸、5-溴水杨醛）。

四、实验步骤

1. 样品的准备工作

（1）保持使用压片机的房间湿度较低。

（2）将压片机配件表面的油脂用四氯化碳或苯清除（否则得到的样品片有黄色），放入干燥器备用。

（3）用玛瑙研钵一次研磨大量 KBr 晶体并过筛，放入烘箱中 120～150℃ 干燥 3 h，放入干燥器备用。

（4）为避免手汗对压片的影响，准备一双白手套，研磨和压片过程中戴手套。

2. 溴化钾压片法制作样品过程

将适量试样与 50～100 倍的纯 KBr 研细均匀，置于模具中，用合适的压力在手动压机上压成透明薄片，即可用于测定。试样和 KBr 都应经干燥处理，研磨到粒度小于 2 μm，以免散射光影响。

3. 化合物结构测定

(1) 打开并运行软件 EZ Omnic(图 3-19)。

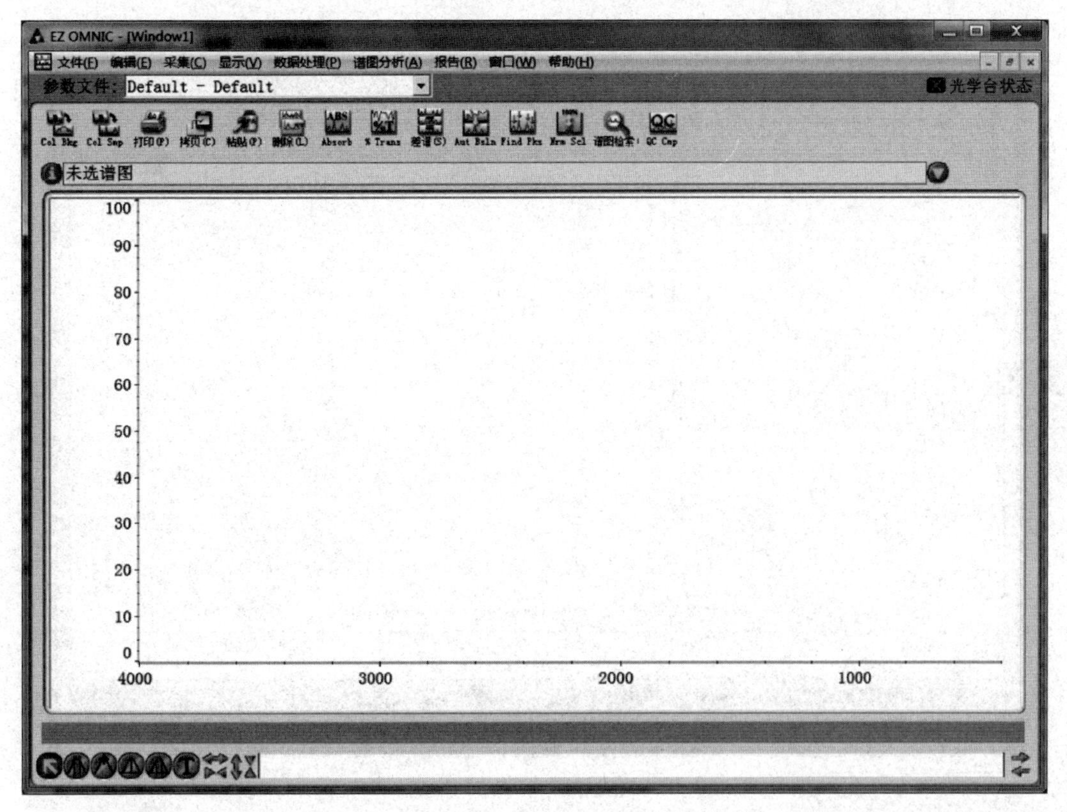

图 3-19 软件界面

(2) 设置参数,如分辨率、扫描次数等(图 3-20)。

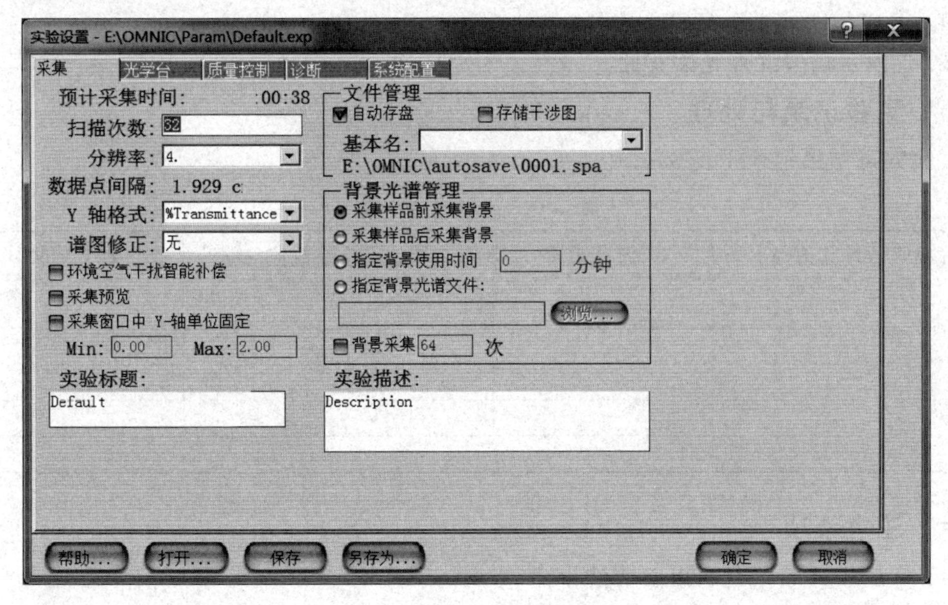

图 3-20 参数设置对话框

(3) 背景测定。

(4) 样品测定(图 3-21)。

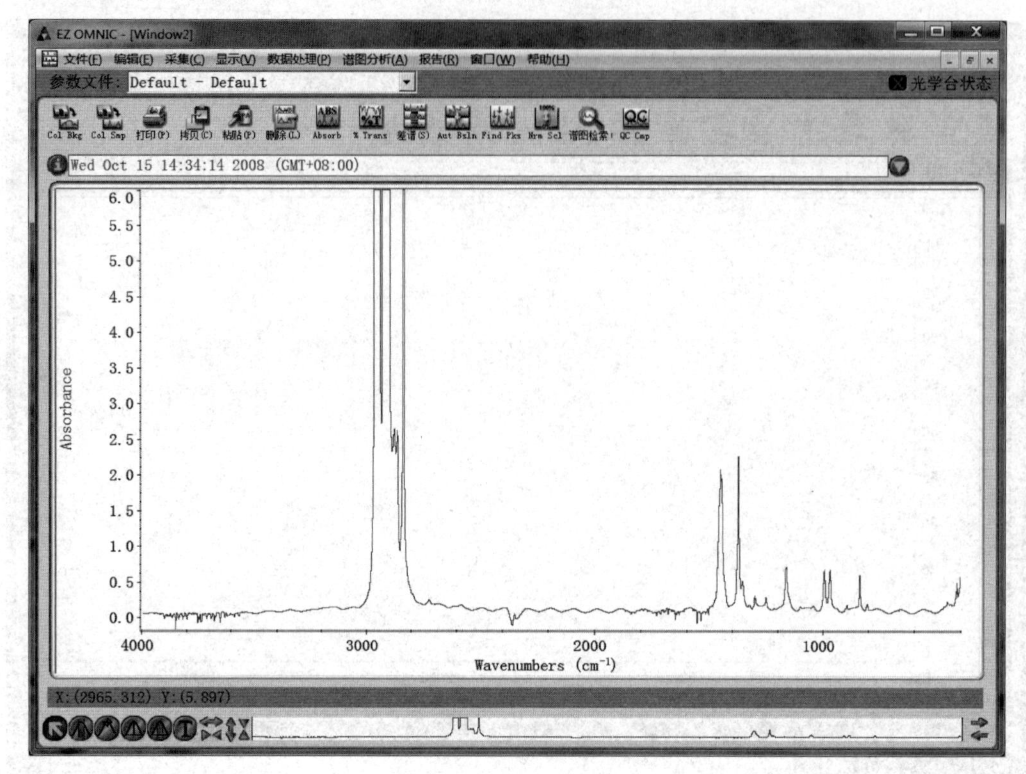

图 3-21 样品测定

(5) 保存或拷贝到文件。

4. 实验案例

(1) 肉桂酸红外光谱实验。

(2) 5-溴水杨醛红外光谱实验。

五、实验记录与处理

实验数据结果记录于表 3-22 中。

表 3-22 实验结果记录

测试样品吸收峰数值/cm^{-1}	代表官能团	测试样品吸收峰数值/cm^{-1}	代表官能团

六、注意事项

(1) 实验中样品仪器须提前清洗干净。

(2) 样品须为纯品,且干燥。

(3) 测试过程注意不要污染样品。

(4) 研磨样品注意粒度分布要均匀。

(5) 制备压片要透光度好，不能存在云纹、不透光等。

七、思考题

(1) 官能团与吸收峰的关系是什么？

(2) 对影响吸收峰位移的因素进行分析。

(3) 颗粒研磨细度对压片有何影响？

(4) 影响压片质量的因素有哪些？

实验十二　紫外分光光度法测定溶剂对化合物吸收峰的影响

水杨酸(SA)，又名2-羟基苯甲酸，化学式为$C_7H_6O_3$，已经被人类利用了两千多年，是药物阿司匹林的前身。由于其独特的性质，在制药、化妆品和食品工业等行业广受喜爱。水杨酸在有机溶剂中有特定的吸收波长，通过改变有机溶剂会对其区域内的紫外偏移产生影响。

一、实验目的

(1) 掌握紫外吸收光谱的绘制方法。

(2) 了解溶剂性质对化合物紫外吸收光谱的影响。

(3) 掌握紫外分光光度计的使用方法。

二、实验原理

紫外-可见吸收光谱属于分子吸收光谱，是由分子的外层价电子跃迁产生的，也称电子光谱。每种电子能级的跃迁会伴随若干振动和转动能级的跃迁，使分子光谱呈现更复杂的宽带吸收。

有机化合物的紫外吸收光谱的产生与其结构密切相关，常用作结构分析的依据。有些溶剂，特别是极性溶剂，对溶质吸收峰会产生影响，会使其吸收带的峰位、强度及形状发生相应的变化。由于各种各样复杂的相互作用会发生在溶质与溶剂之间，有机物在不同的单一溶剂或混合溶剂中会表现出吸收谱带的变化。

实验过程中用到的装置为双光束紫外-可见分光光度计(普析 T9)，结构示意图如图3-22所示。

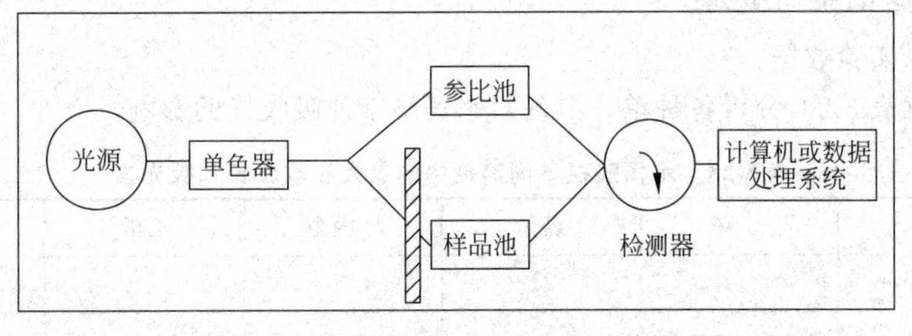

图3-22　双光束紫外-可见分光光度计结构示意图

双光束紫外-可见分光光度计主要由五个部分组成，即光源、单色器、样品池和参比池、检测器、计算机或数据处理系统。光源是指发出可见光和紫外光的光源，常用的有氘灯和钨灯。单色器是分光光度计的核心，可以将来自光源的混合光分解为单色光，并任意改变波长。样品池用于放置待测溶液，参比池用于放置参比溶液。检测器的作用是将透过试样池的光信号转化为电信号。现代高性能分光光度计大部分采用 PC 或 MCU 实现仪器自动控制和信号显示处理功能。T9 中一般通过软件 UVWIN 对光谱实行计算功能和处理，测量结果以多种方式输出。

三、实验仪器和试剂

1. 仪器

(1) 双光束紫外可见分光光度计，配 10 mm 石英比色皿。

(2) FA2204B 电子天平。

(3) 容量瓶：1000 mL。

(4) 移液管：1 mL、2 mL、10 mL。

(5) 比色管(带塞)：5 mL。

(6) 锥形瓶：150 mL。

2. 试剂

水杨酸、无水乙醇、无水乙醚、氯仿、异丙醇、乙二醇，所有试剂均为分析纯。

四、实验步骤

(1) 开机预热 30 min，连接 UVWIN 6.0 进行系统自检。

(2) 准确称量 0.004 g 水杨酸加入锥形瓶中，分别加入各 80 mL 的无水乙醇、无水乙醚、氯仿、异丙醇、乙二醇溶剂，配置成各含有水杨酸浓度为 0.05 mg/mL 的溶液。

(3) 在 5 个 5 mL 带塞比色管中分别加入 1.0 mL 含水杨酸的溶液，用无水乙醇、无水乙醚、氯仿、异丙醇、乙二醇溶剂稀释至刻度，摇匀。

(4) 以相应的溶剂为参比，选择 0.2 nm 的狭缝宽度，扫描上述各溶液的吸收光谱。

(5) 分别以 9∶1、8∶2、7∶3、6∶4、5∶5、4∶6、3∶7、2∶8 和 1∶9 的比例将水杨酸乙醇溶液和水杨酸乙醚溶液配制成混合溶液，记为混合溶液 A。

(6) 将乙醇、乙醚分别以 9∶1、8∶2、7∶3、6∶4、5∶5、4∶6、3∶7、2∶8 和 1∶9 的比例配制成混合溶液各 20 mL，作为参比溶液，记为混合溶液 B。

(7) 在 11 个 5 mL 的带塞比色管中分别加入 1 mL 混合溶液 A，用相同比例的混合溶液 B 稀释至刻度，摇匀。

(8) 以相应的溶剂为参比，选择 0.2 nm 的狭缝宽度，扫描上述各溶液的吸收光谱。

五、数据记录与处理

(1) 记录实验数据。

(2) 根据表 3-23，分析各种单一溶剂对水杨酸紫外吸收峰的影响。

表 3-23 水杨酸在不同溶剂中的最大吸收波长和吸光度

溶剂	乙醚	氯仿	异丙醇	乙醇	乙二醇
水杨酸 λ_{max}/nm					
吸光度 A					

(3) 根据表 3-24,分析不同比例混合溶剂对水杨酸紫外吸收峰的影响。

表 3-24　水杨酸在不同溶剂比例中的最大吸收波长和吸光度

A 溶液	9∶1	8∶2	7∶3	6∶4	5∶5	4∶6	3∶7	2∶8	1∶9
B 溶液	9∶1	8∶2	7∶3	6∶4	5∶5	4∶6	3∶7	2∶8	1∶9
水杨酸 λ_{max}/nm									
吸光度 A									

六、注意事项

(1) 测定时比色皿溶液不超过高度的 3/4。

(2) 测定挥发性溶剂时需要将比色皿的塞子盖上。

七、思考题

(1) 试样浓度大小对测量会有何影响？应如何调整？

(2) 加入不同比例水杨酸后吸收峰改变的原因是什么？

第四章

固体废物处理实验

实验一　固体废物的破碎与筛选

固体废物种类繁多、组成复杂，其形状、大小、结构、性质等均有很大差异。因此，为使物料性质满足后续处理或最终处置的工艺要求，提高固体废物资源回收利用的效率，往往需对其进行预先处理(或前处理)，主要包括压实、破碎、分选、脱水等单元操作。

对于以焚烧或堆肥为主的固体废物，不需要进行压实处理，可以对其进行破碎、分选等预处理，使物料粒径均匀、大小适宜，从而有利于焚烧的进行，也有利于提高堆肥化的效率。

一、实验目的

(1) 了解固体废物破碎和筛分的目的。

(2) 了解固体废物的破碎设备和筛分设备的使用方法。

(3) 熟悉破碎和筛分的实验流程，掌握不同粒度范围内固体废物所占百分数、平均粒径和破碎比的计算方法。

二、实验原理

固体废物的破碎是固体废物由大变小的过程，是利用外力克服废物质点间的内聚力而使大块废物分裂成小块的过程。

破碎可以使颗粒不均匀的固体废物变得均匀一致，提高焚烧、堆肥的处理效率和资源化的稳定性。经过破碎的固体废物，由于消除了较大空隙，不仅尺寸均匀，而且质地均匀，在填埋过程中更容易压实，可增加填埋场使用年限；还可以减少体积，便于运输、储存和填埋，有利于加速土地还原利用。将在一起的不同组分的物料进行分离，有利于提取有用成分和提高其用作原材料的价值。

破碎产物的特性一般用粒径、粒径分布和破碎比来描述。粒径是表示颗粒大小的参数，常用筛径来表示。粒径分布表示固体颗粒群中不同粒径颗粒的含量分布情况。破碎比表示破碎过程中原废物粒径与破碎产物粒径的比值，常用废物破碎前的平均粒径(D_{cp})与破碎后的平均粒径(d_{cp})的比值来确定破碎比(i)，如式(4-1)所示。

$$i=\frac{\overline{D}}{\overline{d}} \tag{4-1}$$

式中，i 为真实破碎比；$\overline{D}$ 为破碎前的平均粒径，mm；$\overline{d}$ 为破碎后的平均粒径，mm。

固体废物的筛分是根据产物粒度的不同，利用不同筛孔尺寸的筛子将物料中小于筛孔尺寸的细物粒透过筛面，大于筛孔尺寸的粗物粒留在筛面上，从而完成粗细颗粒分离的过程。为了使不同粒度的物料通过筛面而分离，必须使物料和筛面之间具有适当的相对运动，使筛面上的物料层处于松散状态，即按颗粒大小分层，形成粗粒位于上层，细粒位于下层的规则排列，细粒到达筛面并透过筛孔分离。同时，物料和筛面的相对运动还可使堵在筛孔上的颗粒脱离筛孔，但它们透筛的难易程度却不同。粒径小于筛孔尺寸 3/4 的颗粒，很容易通过粗粒形成的间隙到达筛面而透筛，称为“易筛粒”；粒径大于筛孔尺寸 3/4 的颗粒，很难通过粗粒形成的间隙，而且粒径越接近筛孔尺寸就越难透筛，这种颗粒称为“难筛粒”。

筛分常与破碎结合使用，使破碎后的物料颗粒大小近似相等，以保证合乎一定的要求或避免过分粉碎。根据筛分目的不同可以分为五类：①准备筛分：将固体废物按粒度分为若干级别，各级别送下一步工序分别处理；②预先筛分：物料送入破碎机之前，将小于破碎机排料口宽度的细粒级筛分出去，以提高破碎作业效率；③检查筛分：对经破碎机破碎后的物料进行筛分，将粒径大于排料口尺寸的颗粒筛出；④脱水或脱泥筛分；⑤选择筛分：利用物料中有用成分在各粒级中的分布，或者性质上的显著差异所进行的筛分。

筛分完成后，本筛格存留的筛上颗粒质量为筛余量，这些颗粒粒径小于上筛格孔径，大于本筛格孔径。筛分效果与许多因素有关，包括固体废物颗粒的粒径和形状、含水率、筛孔形状、筛面及筛子的参数、筛子的操作等。

三、实验仪器和试剂

1. 仪器

(1) 振动筛(型号 XSB-88)，规格 0.075 mm、0.25 mm、0.43 mm、0.5 mm、0.85 mm、1 mm、2 mm、5 mm 的方孔筛各一个，并附有筛底和筛盖，如图 4-1 所示。

图 4-1　实验用振动筛及筛子示意图

(2) 鼓风干燥箱。

(3) 台式天平。

(4) 刷子,托盘,烧杯。

2. 材料

校园取土。

四、实验步骤

(1) 将固体废物样品在(105±5)℃的温度下烘干至恒重,冷却。

(2) 准确称取烘干后的样品 300 g 左右,精确到 1 g。

(3) 按孔径大小从上到下组合套筛(附筛底),将实验样品颗粒倒入。

(4) 开启振动筛,对样品筛分 15 min。

(5) 筛分后将不同孔径筛子里的颗粒进行称重并记录数据,计算不同粒径物料所占物料总量的百分比。

(6) 将称量后的颗粒混合,倒入破碎机或手工进行破碎。

(7) 收集破碎后的全部物料,并准确称量。

(8) 将破碎后的颗粒再次放入振动筛,重复步骤(3)~步骤(5)。

(9) 做好实验记录,收拾实验室,完成数据记录与处理。

五、数据记录与处理

(1) 实验数据记录。

破碎前样品总量:____________,破碎后样品总量:__________。

将破碎前后实验数据记录于表 4-1 中。

表 4-1 破碎前后实验数据记录表

筛孔粒径/mm	破碎前			破碎后		
	筛余量/g	分级筛余百分率/%	累积筛余百分率/%	筛余量/g	分级筛余百分率/%	累积筛余百分率/%
5						
2						
1						
0.85						
0.5						
0.43						
0.25						
0.075						
筛底						
合计						
差量						
算术平均粒径/mm						

分级筛余百分率:各号筛余量与试样总量之比,计算精确至 0.1%。

累积筛余百分率:各号筛的分级筛余百分率加上该号以上各分级筛余百分率之和,精确至 0.1%;筛分后,如每号筛的筛余量与筛底的剩余量之和与原试样质量之差超过 1%,应重新实验。

(2) 平均粒径的计算。

破碎前后的平均粒径可以根据式(4-2)进行计算。

$$\bar{D}=\sum_{i}^{n}s_iD_i,\quad \bar{d}=\sum_{i}^{n}p_id_i \tag{4-2}$$

式中，$\bar{D}$，$\bar{d}$ 为破碎前后的平均粒径，mm；s_i，p_i 为破碎前后的分级筛余百分率，%；D_i，d_i 为破碎前后对应粒径范围内的中位径，mm。

(3) 以粒径为横坐标，做出破碎前后粒径质量分布直方图。根据图形，找出质量累积筛余百分率为 50%的对应粒径。

六、注意事项

(1) 破碎后将所有样品收集，保证前后样品质量基本一致。

(2) 振动筛要按照粒度从大到小的顺序安装。

七、思考题

(1) 固体废物进行破碎和筛分的目的是什么？

(2) 常用的破碎设备有哪些？各种破碎机各有什么特点？

(3) 影响筛分的因素有哪些？

(4) 破碎前后物料质量分布直方图有什么变化？破碎后样品粒径分布有什么特点？

实验二　固体废物的重介质分选

分选是通过一定的技术将固体废物分成两种或两种以上的物质，或分成两种或两种以上粒度级别的过程。不同粒度和密度的固体颗粒组成的物料在流动介质中运动时，由于性质差异和介质流动方式不同，沉降速度也不同。重力分选就是以固体颗粒在分选介质中的沉降规律，根据固体颗粒间密度差异，以及在运动过程中所受重力、流体动力和其他机械力不同，利用其在介质中的沉降末速度的差异将其分离。常用的分选介质有水、空气、重液、悬浮液等，其中，重液是指密度比水大的液体。根据分选介质和作用原理的差异，重力分选可分为风力分选、重介质分选、跳汰分选、溜槽分选和摇床分选，等等。

一、实验目的

(1) 了解重介质分选方法的原理。

(2) 掌握重介质分选中重介质的制备方法。

(3) 掌握重介质密度的准确测定方法。

(4) 了解重介质分选实验的操作过程。

二、实验原理

重介质分选亦称为沉浮分选，是利用密度适宜的重液体作分选介质的一种分选方法。当把破碎的固体废物放入重液体中时，密度比液体大的颗粒下沉，并集中于分选设备底部，成为重产物，密度较液体轻的颗粒上浮，并集中于分选设备的上部，成为轻产物，从而达到分选的目的。适用于重介质分选方法的重介质密度一般为 1.25～3.4 g/cm^3。沉浮分选适用于分离密度相差较大的固体颗粒,如果待分离固体颗粒密度相差不大,则分离比较困难。国外用此法回收金属铝已达到工业化程度。

为使分选过程有效地进行,需选择重介质密度(ρ_c)介于固体废物中轻物料密度(ρ_L)和重物料密度(ρ_W)之间,即

$$\rho_L < \rho_c < \rho_W \tag{4-3}$$

可以采用不同指标来评价分选效果好坏,常用的指标有:回收率、纯度和综合效率。

回收率指的是排料口中排出的某一组分的量与进入分选的此组分量之比。对于最简单的重介质分选设备,如果以 x、y 代表两种物料,x 在两个排出口被分为 x_1、x_2,y 在两个排出口被分为 y_1、y_2,则在第一排出口 x 及 y 的回收率分别为

$$R_{x_1}\% = \frac{x_1}{x_1 + x_2} \times 100\%, \quad R_{y_1}\% = \frac{y_1}{y_1 + y_2} \times 100\% \tag{4-4}$$

式中,R_{x_1} 是第一排出口物料 x 的回收率;R_{y_1} 是第一排出口物料 y 的回收率。

回收率不能完全说明分选效果,还应该考虑某一组分物料在同一排出口排出物中所占的分数,即纯度。则在第一排出口 x 及 y 的纯度为

$$P_{x_1}\% = \frac{x_1}{x_1 + y_1} \times 100\%, \quad P_{y_1}\% = \frac{y_1}{x_1 + y_1} \times 100\% \tag{4-5}$$

式中,P_{x_1} 是第一排出口物料 x 的纯度;P_{y_1} 是第一排出口物料 y 的纯度。

三、实验仪器和试剂

1. 仪器

浓度壶;250 mL 以上玻璃杯 10 个;高度和直径均大于 200 mm 的量筒 10 个;玻璃棒;漏勺 4 把;2 kg 托盘天平;烘箱;标准筛(8 mm、5 mm、3 mm、1 mm、0.074 mm) 1 套;铁铲 4 把。

2. 试剂

重介质加重剂(硅铁或磁铁矿)1 kg。选择有一定密度差异的物料,采用煤矸石、滑石粉、含磷灰石的矿山尾矿,含铜、铁、锌的矿山尾矿等作为实验的物料。

四、实验步骤

1. 对物料进行破碎

按照筛孔尺寸 8 mm、5 mm、3 mm、1 mm、0.074 mm 进行分级,分别称重。

2. 重介质制备

按照分选要求制备不同密度的重介质,所需加重剂的质量为

$$M = \frac{\rho_1 - \rho_w}{\rho_2 - \rho_w} V \tag{4-6}$$

式中,M 为所需加重剂的质量;V 为重介质的体积;ρ_1 为重介质的密度;ρ_2 为加重剂的密度;ρ_w 为水的密度。

3. 重介质悬浮液密度

测定的原理和方法是:设空比重瓶的质量为 m_1,注满水后比重瓶与水的总质量为 m_2,

注满待测液后比重瓶与待测重介质悬浮液的总质量为 m_3，则待测重介质悬浮液的密度为 ρ，水的密度为 ρ_1。

$$\rho = \frac{m_3 - m_1}{m_2 - m_1}\rho_1 \tag{4-7}$$

同时，用浓度壶测定待测重介质的密度。

4. 实验过程

(1) 按照实验的要求破碎物料，进行分级并称重。

(2) 按照分选要求配制重介质悬浮液。

(3) 用配制好的重介质悬浮液润湿物料。

(4) 将配制好的重介质悬浮液注入分离容器中，不断搅拌，保证重介质悬浮液的浓度不变。缓慢搅拌，同时加入同样重介质悬浮液润湿过的试样。

(5) 停止搅拌 5～10 s，用漏勺从悬浮液表面(插入深度相当于最大物料的深度)捞出浮物，取出沉物。如果有大量密度与悬浮物密度相近的物料，则单独取出收集。

(6) 取出的产品置于筛子上用水冲洗，必要时再利用带晒网的盛器置于清水桶中淘洗。待完全洗净黏附于物料上的重介质后，依次烘干、称重、磨细、取样、化验。

(7) 记录整理实验数据，并根据公式计算。

五、数据记录与处理

(1) 实验数据的处理。

根据式(4-8)计算固体废物分选后各产品的质量分数

$$产品质量分数 /\% = \frac{某产品质量}{给入作业的总质量} \times 100\% \tag{4-8}$$

根据式(4-3)和式(4-4)计算分选效率(回收率)、纯度。

(2) 将实验数据和计算结果记录在表 4-2 中。

表 4-2　实验记录表

实验时间：＿＿＿＿＿＿＿＿；实验试样名称：＿＿＿＿＿＿＿。

密度组分	各单位组分				沉物累计			浮物累计		
	质量 /g	回收率 /%	纯度(品位) /%	质量分数 /%	产率 /%	纯度(品位) /%	质量分数 /%	产率 /%	纯度(品位) /%	质量分数 /%

(3) 以实验结果为依据绘制沉物和浮物的“产率-品位”和“产率-回收率”曲线。

六、思考题

(1) 简述重介质分选的原理。

(2) 探讨物料按密度分离的可能性和难易程度。

(3) 掌握重介质分选实验中重介质的正确制备方法。

(4) 讨论影响重介质分选效果的因素。

实验三 污泥脱水——超声波预处理实验

随着污水处理量和污水率的不断提高,污水处理过程中产生的污泥也日益增多。污水污泥通常包括来自一级或一级强化处理的一次污泥和活性污泥法过程中产生的剩余污泥。污水污泥产生量大、颗粒细、成分复杂、密度较小,含水率高达95%以上,属于胶状结构的亲水性物质。

污泥中所含的水分形式一般可分为4种形态:表面吸附水、间隙水、毛细结合水和内部结合水。污泥脱水是最为经济的一种污泥减量化方法,是污泥处理工艺中的一个重要环节,其目的是去除污泥中的空隙水和毛细水,降低污泥含水率,为污泥的最终处置创造条件。污泥脱水困难,即使浓缩脱水后含水率仍然较高,后续处理问题突出。

一、实验目的

(1) 了解超声波预处理技术的实验原理。

(2) 掌握表征污泥脱水性能的常用指标和测试方法。

二、实验原理

超声波是指频率在20 kHz~10 MHz范围内的声波,在污水中会产生"空穴"作用,通过产生周期性压缩和扩散,使微气泡核体积出现变大、变小等周期性变化,并使其达到临界大小后在几毫秒内破裂。这种突然而剧烈的破裂会产生高温、高压,并产生强大的机械剪切力和H·和·OH等高活性自由基。最终将污泥中难溶性有机物溶出,缩短厌氧发酵时间。超声波技术反应条件温和,操作简单,是一种比较成熟的污泥处理技术。

不同来源的污泥,脱水性能差别较大,一次污泥一般没有经过生物或化学处理,主要由有机碎屑和无机颗粒组成,比较容易脱水;剩余污泥是由多种微生物构成的菌胶团与吸附的有机物、无机物等组成的集合体,脱水更困难。在对含铬污泥、一次污泥、二次污泥的大量实验中,都证明低强度超声波能提高污泥沉降性能,并改善污泥脱水性能。

高分子絮凝剂脱水是污泥脱水处理中的重要工序。聚丙烯酰胺(PAM)是高分子化合物,有明显的中和、吸附和架桥作用。然而,过量添加絮凝剂会导致过量的正电荷被污泥颗粒吸附,产生静电斥力,影响脱水。如果使用PAM等高分子絮凝剂,过量使用会分解出有毒且难以生物降解的单体丙烯酰胺。超声波与絮凝剂联合作用可以提高污泥沉降性能,同时缩小絮凝剂用量。影响超声波作用效果的因素比较复杂且相互影响。

表征参数测定的方法如下:

(1) 污泥沉降比(settling velocity,SV)一般是指将混匀的活性污泥混合液迅速倒进100 mL量筒中,静置沉淀30 min后,沉淀污泥与所取混合液之体积比,又称污泥沉降体积(SV_{30}),以%表示。120 min沉降比是指静置沉淀12 h后的污泥沉降体积,以SV_{120}表示。

SV_{30} 和 SV_{120} 越小，说明污泥沉降性能越好。

（2）污泥比阻：表示污泥过滤特性的综合性指标，单位为 m/kg，指单位过滤面积上，单位干重滤饼所具有的阻力。污泥比阻是表征污泥脱水性能的重要指标，污泥比阻越小，污泥沉降性能越好。

三、实验仪器和试剂

1. 仪器

槽式超声波反应器（25 kHz，45 W），如图 4-2 所示；100 mL 量筒若干；烧杯。

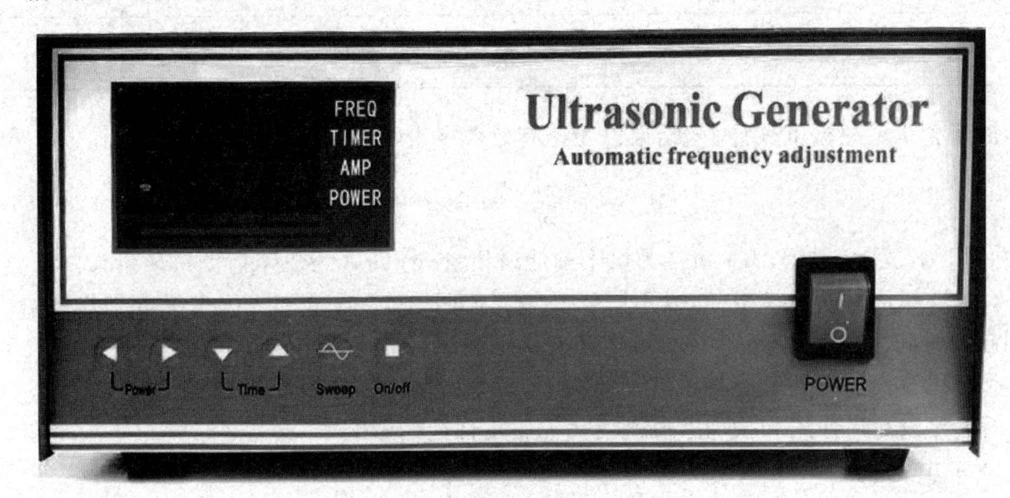

图 4-2　槽式超声波反应器

2. 试剂

某污水处理厂一次污泥或剩余污泥；有机絮凝剂 PAM。

四、实验步骤

（1）测定未处理污泥混合液的含水率、pH、污泥悬浮固体浓度（SS）。

（2）取定量污泥置于超声波反应器中，在超声功率为 45 W 的条件下，分别超声 0、5 s、10 s、15 s、30 s、60 s、120 s，超声后样品标记为 $0^{\#}\sim6^{\#}$。

（3）取定量污泥在上述功率下超声 10 s 后，投加絮凝剂 PAM（0.027 g/L），样品标记为 $7^{\#}$。

（4）取定量污泥，投加絮凝剂 PAM（0.054 g/L），样品标记为 $8^{\#}$。

（5）从 $0^{\#}\sim8^{\#}$ 样品中分别取 100 mL 污泥置于 100 mL 量筒中，测定 SV_{30} 和 SV_{120}。

（6）根据水处理实验比阻测定方法，分别将不同样品放入比阻测定装置中，测定不同样品的污泥比阻。抽滤后，称量滤饼质量 m_{1i}，将滤饼在±105℃下烘干 8 h，称重 m_{2i}，并计算滤饼含水率 W_i。

五、数据记录与处理

污泥取样地点：________，污泥含水率：________，pH：________，污泥悬浮固体浓度（SS）：________，超声设备功率：________________，超声设备频率：________________。

（1）将实验数据记录于表 4-3。

表 4-3 实验数据汇总表

样品编号	超声时间/s	滤饼质量(m_1)/g	滤饼烘干质量(m_2)/g	滤饼含水率/%	SV_{30}/%	SV_{120}/%	污泥比阻
0							
1							
2							
3							
4							
5							
6							

滤饼含水率根据下式计算,结果以 4 位有效数字表示。

$$W_i = \frac{m_{1i} - m_{2i}}{m_{1i}} \times 100\% \tag{4-9}$$

式中,W_i 为滤饼含水率,%;m_{1i} 为烘干前滤饼质量,g;m_{2i} 为烘干后滤饼质量,g。

(2) 以超声时间为横坐标,以不同样品污泥比阻、污泥含水率为纵坐标分别作图,比较不同超声时间下污泥比阻、滤饼含水率的变化情况。

(3) 比较投加不同絮凝剂浓度的情况下,污泥比阻、污泥含水率的变化情况。

(4) 比较超声作用和投加絮凝剂对污泥脱水性能的影响。

六、思考题

(1) 超声波频率、功率、反应时间对污泥脱水性能有何影响?

(2) 调研污泥脱水的常用方式及各自优缺点。

(3) 超声波和絮凝剂联用与单独使用絮凝剂对脱水性能有什么影响?

七、注意事项

(1) 投加絮凝剂后的污泥要混合均匀。

(2) 超声波探头插入污泥时不能碰到内壁。

(3) 污泥比阻测定实验中,要注意污泥混匀后再倒入漏斗。

实验四 利用城市生活污水污泥制备陶粒的配方分析实验

城市污水处理厂污泥是污水处理的伴生产物。它含水率高、组成复杂、体积大、易腐败、有恶臭,还浓缩着Cu、Pb、Cd等重金属化合物和有毒有机物。污泥处理处置问题已经成为城市污水厂的沉重负担。实施污泥无害化处理,推进资源化利用,是深入打好污染防治攻坚战,实现减污降碳协同增效,建设美丽中国的重要举措。利用污泥中的有机和无机成分,将其在高温下烧结成多孔陶粒,可同时实现污泥的减量化、资源化和无害化利用,已渐渐成为污泥处理处置领域的研究热点和发展方向。

一、实验目的

(1) 掌握利用城市生活污水污泥制备多孔材料的方法。

(2) 了解多孔材料的成孔膨胀机制。

(3) 掌握陶粒烧失率和颗粒容重的测试方法。

二、实验原理

陶粒是以土、页岩、粉煤灰等为主要原料，经过造粒、干燥、预热和焙烧等工艺后得到的轻质骨料。由于陶粒内部具有微孔结构，使陶粒具有容重小、强度高、保温隔音效果好、防火抗冻等优良性能，广泛应用在建筑、水处理等方面。

陶粒主要由含 Si、Al、Ca、Fe、Na、K、Mg 等元素的矿物成分组成。按照化学成分在生产过程中的作用，可以将生产陶粒的原料分为 3 类：①骨架成分：组成多孔陶粒的骨架和受力框架，主要由 Si、Al 的矿物组成；②成气成分：形成多孔形态的主要物质，主要为有机质和高温产气类物质，如铁盐、锰盐、碳酸镁、碳酸钙等；③助熔成分：起助熔作用，可以降低骨架成分的熔点。污泥中主要化学成分为 SiO_2、Al_2O_3、CaO 及其他金属氧化物，并含有大量有机物和丰富的 N、P、K 等营养元素，可以满足超轻多孔陶粒对原材料化学成分的要求。同时，烧结法处理污泥可以有效地对污泥中的重金属进行固化，可避免污泥资源化过程对环境的二次污染。

1. 烧失率

烧失率是反映陶粒物理性质的重要数据，它反映了陶粒在烧制过程中的损失情况(有机质损失、水分损失、盐类的损失)，对原材料配比的改进有重要的作用。

其计算公式为

$$P=\frac{m_1-m_2}{m_1}\times 100\% \tag{4-10}$$

式中，P 为烧失率，%；m_1 为灼烧前的质量，g；m_2 为灼烧后的质量，g。

2. 颗粒容重

取适量样品，放入量筒中浸水 1 h，然后取出，称重计为 m。将试样倒入 100 mL 的量筒中，再注入 50 mL 清水。如有试样漂浮水上，可用已知体积(V_1)的圆形金属板将其压入水中，读出量筒的水位(V)。平行测量 3 次，取平均值。

陶粒容重计算公式如下：

$$\gamma_k=\frac{m\times 1000}{V-V_1-50} \tag{4-11}$$

式中，γ_k 为陶粒容重，kg/m^3，计算精确至 10 kg/m^3；m 为试样质量，g；V_1 为圆形金属板的体积，mL；V 为倒入试样放入压板后量筒的水位，mL。

3. 吸水率

陶粒烘干后称量质量为 m_3，在水中浸泡 24 h，用湿布擦拭掉附着在表面的水，然后在电热风干燥机中以 105℃ 干燥至恒定质量，再测量陶粒的总质量 m_{30}，并记录。

$$R=\frac{m_{30}-m_3}{m_3}\times 100\% \tag{4-12}$$

式中，R 为 24 h 吸水率，%；m_{30} 为吸水后陶粒的质量，g；m_3 为烘干后陶粒的质量，g。

三、实验仪器和试剂

1. 仪器

马弗炉；电热恒温鼓风干燥箱；分析天平；颗粒筛分器；电磁制样粉碎机；1 L 容量瓶；瓷坩埚若干；100 mL 量筒；250 mL 烧杯；坩埚钳；耐热手套；60 目筛；100 目筛。

2. 试剂

生活污水浓缩污泥、黏土、秸秆或锯末等生物质、助熔剂氟化钠(分析纯)。

3. 实验样品预处理

污泥：取自当地某污水处理厂，脱水后自然风干。将污泥在 105℃温度下干燥后，用电磁制样粉碎机破碎，过 100 目筛。

黏土：破碎后过 60 目筛。

配制助熔剂(5 g/L)：称取 5 g 助熔剂，定容在 1 L 容量瓶中。

四、实验步骤

(1) 取样。根据实验配方设计，按照原材料质量比(黏土∶污泥∶锯末约为 3.5∶1∶0.5)，取总原料约 200 g。

(2) 成型。称量后将所有原料混合均匀，加入适量水，搓成直径 8 mm 的陶粒，成球时应注意坯料球表面要光滑。将坯料球放入电子烘箱中脱水干燥后放入恒温干燥箱中备用。

(3) 采用两段烧结法。将制成的坯料球分成 3 批样品放入瓷坩埚中，分别称其质量 m_1，随后放入马弗炉中，将马弗炉温度调到 300℃预热 20 min，再将马弗炉的温度调到不同烧结温度(1050、1100、1150、1200℃)，分别保温 10 min 后关闭电源。

(4) 待马弗炉温度降下来后，将瓷坩埚取出放入干燥器中，冷却后称量不同烧结温度下陶粒质量 m_2，根据式(4-10)计算烧失率。

(5) 取上述经过称量的陶粒，放入烧杯内，加满水，放置 1 h 后取出(陶粒要全部在水中，防止陶粒浮在水面而影响吸水)，取出后倒在拧干的湿毛巾上将表面擦干。将处理后的陶粒放入 100 mL 量筒中，倒入 50 mL 去离子水。如有试样漂浮水上，可用已知体积(V_1)的圆形金属板将其压入水中，读出量筒的水位(V)。平行测量 3 次，取平均值。根据式(4-11)计算陶粒的容重。

(6) 取不同烧结温度下衡重陶粒质量为 m_3，在水中浸泡 24 h，用湿布擦拭掉附着在表面的水，然后在电热风干燥机中以 105℃干燥至质量恒定，再测量陶粒的总质量 m_{30}。根据式(4-12)计算陶粒的吸水率。

(7) 将溶剂水换成 5 g/L 的助熔剂，重复上述实验过程。

五、数据记录与处理

将实验中用到的原料配比记录于表 4-4，将不同温度下的烧失率和颗粒容重记录于表 4-5～表 4-7。

表 4-4 实验配料

烧制前总质量/g			
黏土		污泥	
锯末			

表 4-5　1050℃烧结温度下陶粒的指标

溶　剂	水	助熔剂
烧制前质量/g		
烧制后质量/g		
烧失率/%		
陶粒体积/mL		
颗粒容重/(kg/m^3)		
衡重陶粒质量 m_3/g		
吸水后陶粒质量 m_{30}/g		
吸水率/%		

表 4-6　1100℃烧结温度下陶粒的指标

溶　剂	水	助熔剂
烧制前质量/g		
烧制后质量/g		
烧失率/%		
陶粒体积/mL		
颗粒容重/(kg/m^3)		
衡重陶粒质量 m_3/g		
吸水后陶粒质量 m_{30}/g		
吸水率/%		

表 4-7　1150℃烧结温度下陶粒的指标

溶　剂	水	助熔剂
烧制前质量/g		
烧制后质量/g		
烧失率/%		
陶粒体积/mL		
颗粒容重/(kg/m^3)		
衡重陶粒质量 m_3/g		
吸水后陶粒质量 m_{30}/g		
吸水率/%		

六、注意事项

(1) 陶粒成型中的加水量要适中，成球时应注意坯料球表面光滑。

(2) 原料破碎后要充分混合，搅匀。

七、思考题

(1) 污泥烧制陶粒的影响因素有哪些？

(2) 助熔剂的作用是什么？

(3) 你认为实验中还存在哪些问题，应如何改进？

实验五 污泥陶粒重金属浸出浓度的测定

在生活污水处理过程中，会产生大量污泥，其数量约占处理水量的0.3%～0.5%(以含水率为97%计)。污泥含水率高，强度低，往往含有病原菌、难降解有机物等有害物质，若不妥善处理处置，易造成重金属Cr、Cu、Zn、Pb等有害物质累积，增加环境污染风险。

陶粒强度高、密度低，内部孔隙丰富，在建筑材料、水处理、吸声材料等方面具有广泛应用前景。相比工业污泥，给水和污水污泥成分相对简单，是国内外污泥资源化制备陶粒的重点研究对象。污泥烧制陶粒要发生烧胀，需要在无机物生产黏性玻璃相时有气体释放，烧结温度大多在1000～1200℃。经过高温烧制后的污泥陶粒中的重金属物质也逐步稳定化。

一、实验目的

(1) 掌握固体废物的浸出毒性鉴别方法。

(2) 了解以浸出毒性为特征的危险废物鉴别标准。

(3) 分析污泥烧制成陶粒后重金属浸出浓度的变化。

二、实验原理

浸出是指利用化学试剂选择性溶解固体中某些组分的工艺过程。固体废物在堆放或填埋过程中，在酸性降水情况下，其中的重金属Cu、Pb、Cr、Cd、Zn等污染物质会从固体废物中浸出，从而进入并危害环境。本实验针对生活污泥和污泥资源化后的污泥陶粒，模拟自然环境中的酸性条件，采用微波辅助酸消解，将其中的重金属物质从固体废物中浸出，并结合原子吸收分光光度法(atomic absorption spectrometry，AAS)进行重金属浓度测定。

微波消解是指将定量样品和浓HNO_3加入密封消解罐中，在设定的时间和温度下微波加热，利用微波对极性物质的"内加热作用"和"电磁效应"，对样品迅速加热，将样品中的重金属等污染物质快速消化溶出。消解后的物质经过离心或过滤后定量稀释，再用AAS测定其重金属浓度。

AAS包括石墨炉AAS(Graphite Furnace AAS，GFAAS)和火焰AAS(Flame AAS，FAAS)。FAAS是指被测溶液雾化后被原子化，成为基态原子蒸气，对元素空心阴极灯或无极放电灯发射的特征辐射进行选择性吸收。在一定浓度范围内，吸收强度与溶液中待测物的含量成正比。这是一种通过吸收强度的改变进行元素定量分析的方法。

三、实验仪器和试剂

1. 仪器

①原子吸收分光光度计：单道或双道，单光束或双光束仪器，有光栅单色器、光电倍增检测器，190～800 nm的波长范围，有配套背景校正和数据处理；②微波消解仪：输出功率为1000～1600 W，可设定温度；③消解罐；100 mL量筒；定量滤纸；玻璃漏斗；④分析天平(300 g，±0.01 g)；⑤真空过滤器(容积≥1 L)或者离心机；⑥1 L容量瓶若干；样品瓶；烧杯。

2. 试剂

城市生活污水厂的浓缩污泥；烧制的污泥陶粒；硝酸（HNO_3）（优级纯试剂）；$\rho=1.42$ g/mL 的稀硝酸。

3. 标准储备液

采用市售的各金属标准储备液 1000 mg/L，或采用以下方法制备标准储备液：

(1) Cd：称取 1.000 g 溶解于 20 mL 1∶1 的 HNO_3 中，用蒸馏水定容至 1 L。

(2) Cu：称取 1.000 g 电解铜溶解于 5 mL 重蒸馏的 HNO_3 中，用蒸馏水定容至 1 L。

(3) Pb：称取 1.599 g 硝酸铅溶解于蒸馏水中，加入 10 mL 重蒸馏的 HNO_3，用蒸馏水定容至 1 L。

(4) Cr：称取 1.923 g 铬酸溶解于重蒸馏的 HNO_3 酸化的蒸馏水中，用蒸馏水定容至 1 L。

(5) Zn：称取 1.000 g 金属锌溶解于 10 mL 浓 HNO_3 中，用蒸馏水定容至 1 L。

4. 标准使用液

用移液管分别移取标准储备液 0、2、4、6、8、10 mL 至试管中，用试剂水稀释至 50 mL，制备标准使用液，标准溶液中酸的浓度和处理后试样中相同，均为 0.5%（体积分数）HNO_3。

5. 样品预处理

(1) 消解用消解罐和玻璃容器分别用 10%稀酸（体积分数）浸泡，再用自来水和蒸馏水洗干净后晾干备用。

(2) 真空过滤器和滤膜用 1%稀硝酸淋洗后再使用。

四、实验步骤

(1) 准确称取消解容器、阀门和盖子质量，精确到 0.01 g。

(2) 将生活污水厂污泥烘干后，准确称量质量小于 0.500 g 的混合液，加入到消解罐中。

(3) 在通风橱中在消解罐内加入(10±0.1)mL 浓 HNO_3。如果反应剧烈，在反应停止前不要给容器盖盖。盖紧消解罐，准确称量质量，精确到 0.001 g。然后将消解罐放置到微波消解仪转盘上。

(4) 启动微波消解仪，消解 10 min，温度在 5 min 内上升至 175℃，10 min 内温度平衡保持在 170～180℃。

(5) 消解结束后，待消解罐冷却到室温，称重。如果样品加酸质量减少超过 10%，则该样品失败，需重新制样进行消解。

(6) 在通风橱内小心打开消解罐盖子，释放气体。

(7) 用离心机在转速 2000～3000 r/min 下，离心 10 min，收集浸出液，或者用真空过滤器过滤收集浸出液。

(8) 对 FAAS 进行设备干扰的消除和背景校正，采用分别测定某金属 M 标准使用液的吸光度，绘制浓度及对应吸光度值之间的标准曲线。

(9) 测定实验样品浸出液中 Pb、Cu、Cr、Cd 的吸光度或浓度，如果样品吸光度过高，可适当稀释样品。

(10) 按照上述步骤做平行双样，结果取平均值，并做空白对比实验。

(11) 取适量污泥陶粒,重复上述实验步骤(1)～步骤(10),测定浸出液重金属浓度。

五、数据记录与处理

(1) 将标准曲线制备数据列在表4-8中。

表4-8 标准曲线制备数据

编　号	1	2	3	4	5	6
移取储备液/mL	0	2	4	6	8	10
浓度/(mg/L)	0	40	80	120	160	320
吸光度						
标准曲线						

表4-9列出了各重金属浸出毒性测定结果。表中任何一个元素的数值超过浸出毒性鉴别标准限值时,该废物即为危险废物。

表4-9 重金属浸出毒性测定结果

实验序列		各重金属浓度/(mg/L)					
		Pb	Zn	Cd	Cr	Cu	Ni
空白组	1						
	2						
	3						
	平均值						
污泥	1						
	2						
	3						
	平均值						
污泥陶粒	1						
	2						
	3						
	平均值						

(2) 固体废物中各重金属含量 P_i 用重金属质量(mg)/样品质量(kg)表示,并用式(4-13)计算

$$P_i = \frac{C_i \times V}{M} \tag{4-13}$$

式中,P_i 为固体废物中各重金属含量,mg/kg; C_i 为消解处理后试样重金属 i 浓度,mg/L; V 为试样最终体积,mL; M 为试样总质量,g。

(3) 比较浸出液中重金属浓度的变化,分析是否属于危险废物,分析污泥烧制陶粒对重金属的固定作用。

六、注意事项

(1) 实验中样品容器需提前用酸、蒸馏水等清洗干净。

(2) 向消解罐内加样品要在通风橱中进行。

(3) 消解罐内加入硝酸后，若有剧烈反应，需等冷却后再盖上消解罐。消解罐要盖紧。

(4) 消解过程可以通过调整功率，在 10 min 辐射时间内平衡到 170～180℃。

(5) 消解结束后，在微波消解仪内冷却至少 5 min 后再取出消解罐。

七、思考题

(1) 通过浸出液重金属含量的变化，评述污泥陶粒资源化在重金属控制方面的作用。

(2) 哪些因素可能会影响重金属的浸出浓度？

(3) 通过广泛查阅资料，比较不同浸出毒性实验方法的差异性和特点。

实验六　污泥陶粒样品形貌的表征

污泥的主要化学成分为 SiO_2、Al_2O_3、CaO 及其他一些金属氧化物，与黏土（制备陶粒的主要传统用原料）的成分非常相似。以污泥和黏土为原料来制备污泥陶粒，既可以降低生产陶粒的成本，又可以达到污泥的资源化利用的目的。烧制之后的污泥可以通过检测浸出液毒性，测定密度、孔隙率、比表面积等，以及对样品形貌进行扫描电子显微镜（scanning electron microscope，SEM，简称扫描电镜）分析，来分析制得陶粒的性能。

一、实验目的

(1) 了解扫描电子显微镜的基本结构和工作原理。

(2) 掌握扫描电镜的样品制备。

(3) 了解扫描电镜的基本操作。

(4) 了解二次电子、背散射电子和吸收电子像，观察记录操作全过程。

二、实验原理

扫描电镜的工作原理是由电子枪发射并经过信号检测、放大和处理聚焦的电子束以扫描的方式作用于样品，激发样品产生二次电子、背散射电子、吸收电子、特征 X 射线及其他物理信号，经过信号的检测、放大和处理，在荧光屏上获得能反映样品表面各种特征的扫描图像。

扫描电镜主要由电子光学系统、扫描系统、信号检测处理和放大系统、真空系统、电源系统组成。其中，电子光学系统是扫描电镜的主要组成部分，包括电子枪、电磁透镜、光阑、样品室等。为了获得较高信号强度和扫描图像，电子枪发射的扫描电子束应具有较高的亮度和尽可能小的束斑直径。常用的电子枪有 3 种形式：普通热阴极三级电子枪、六硼化镧阴极电子枪和场发射电子枪。电磁透镜的功能是把电子枪的束斑逐级聚焦缩小。样品室中有样品台和信号探测器，样品台能使样品做平移、倾斜、旋转等运动。

由电子枪发射出的电子经过聚光镜系统和末级透镜的会聚作用形成直径很小的电子束，投射到试样的表面。同时，镜筒内的偏置线圈使这束电子在试样表面作光栅式扫描。入射电子依次在样品的作用点激发出各种物理信息，比如二次电子、背散射电子、特征 X 射线等。安装在试样附近的探测器分别检测相关反映表面形貌特征的形貌信息，经过处理到达阴极射线管（CRT）的栅极调制其量度，从而在与入射电子束作同步扫描的 CRT 上显示样品表面的形貌图像。有3个因素影响SEM分辨率：电子束的束斑大小、检测信号的类型及检测部位的原子序数。根据成像信号不同，在SEM的CRT上分别产生二次电子像、背散射电子像、吸收电子像、X射线元素分布图等。

三、实验仪器和试剂

扫描电镜(图4-3)、污泥陶粒样品。

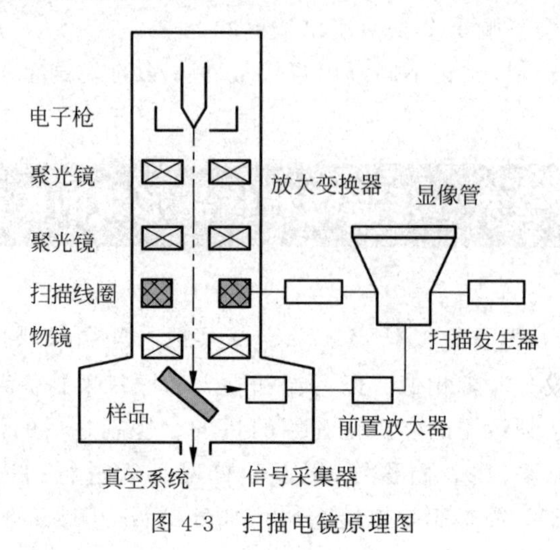

图4-3 扫描电镜原理图

四、实验步骤

1. 试样制备

试样要求是块体、粉末，真空条件下能保持性能稳定。如试样含水分，需先进行干燥。样品可以用等渗的生理盐水或缓冲液清洗，或者用5%的苏打水、超声振荡或酶消化的方法进行处理。

一般块状样品的直径为10～15 mm，厚度约5 mm。若是导电试样，可直接放置在样品台上。若是非导电体试样，需要对试样喷一层厚度约10 nm的金、铜、铝或碳的膜导电层(真空镀膜法)。对于金相试样须抛光处理。

粉末试样包括样品收集、固定和定位等环节。粉末固定最常用的是胶纸法，即先把两面胶纸粘贴在样品台上，然后将粉末撒在胶纸上，最后吹去多余粉末。

利用真空膜仪进行样品导电处理。其原理是在高真空状态下把所要喷镀的金属加热，当加热到熔点以上时，会喷发成极细小的颗粒喷射到样品上，在表面形成一层金属膜，使得样品导电。喷膜用的金属材料一般为金或金和碳。

将污泥与黏土混合料在自然条件下风干，用研钵研磨、过10目筛备用，同时，将取得的污泥陶粒样品用去离子水清洗后放入烘箱中，在105℃温度下干燥去除水分，用扫描电镜观察污泥与黏土混合样及污泥陶粒的表面形貌。分析之前对样品进行喷铂处理，以增加样品导电性能。

2. 开机准备

(1) 开启电子交流稳压器，电压指示应为220 V，开启冷却循环水装置电源开关。

(2) 开启试样室真空开关，开启试样室准备状态开关。

(3) 开启控制柜电源开关。

3. 工作程序

(1) 开启试样室进气阀控制开关，将试样放入试样室后将试样室进气阀控制开关关闭抽真空。

(2) 打开工作软件，加高压至 5 kV。

(3) 将图像选区开关拨至全屏。

(4) 调节显示器对比度、亮度至适当位置。

(5) 调节聚焦旋钮至图像清晰。

(6) 放大图像选区至高倍状态。

(7) 消去 X 方向和 Y 方向的像散。

(8) 选择适当的扫描速率。

(9) 根据需要进行观察和拍照。

4. 关机程序

(1) 关高压，逆时针调节显示器对比度、亮度至最低。

(2) 关闭软件和主机。

(3) 关闭镜筒真空隔阂。

(4) 关主机电源开关。

(5) 关真空开关。

(6) 20 min 后，关循环水和电子交流稳压器开关。

五、数据记录与处理

图 4-4 是彭小乐等学者以城市污水处理厂未消化脱水污泥及黏土为原料，在 1250℃下焙烧制得污泥陶粒，并进行了样品形态的比较。从 SEM 对比图中可以看出，污泥与黏土混合料烧制成的污泥陶粒具有丰富的孔隙结构，为污泥陶粒对污染物的吸附提供了理论基础。

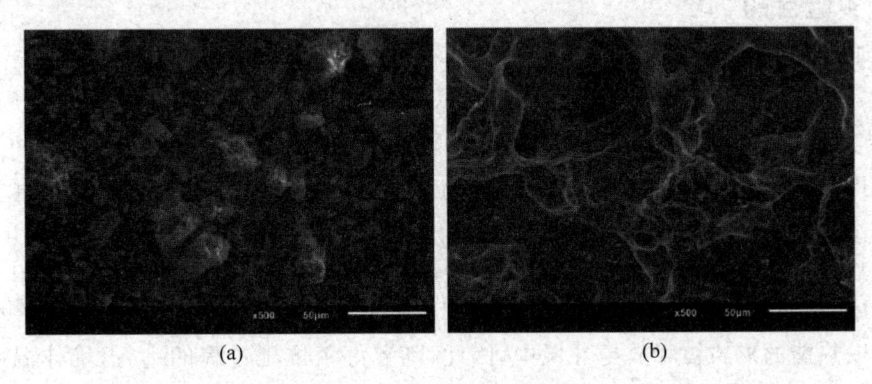

图 4-4　焙烧前后 SEM 对比

(a) 污泥与黏土混合料 SEM 图；(b) 污泥陶粒 SEM 图

六、注意事项

(1) 非导电体试样，需要进行导电处理。

(2) 金相试样须抛光处理。

七、思考题

(1) 简述扫描电镜观察样品表面形貌的基本原理。

(2) 简述 SEM 测定中是如何对样品进行导电处理的。

(3) 简述电子、背散射电子和吸收电子的产生过程。

实验七 污泥好氧堆肥实验

随着城市生活污水收集率和污水处理效率的提高,污泥总量逐年增加,我国污泥(以含水率 80%计)年产量已超过 5000 万余吨。污泥的来源不同,成分相差也较大,但均含有较多的有机物。经测量,某些污泥中的有机质含量平均达 384.0 g/kg,N、P 和 K 等营养元素的含量分别为 27.0 g/kg、14.3 g/kg 和 7.0 g/kg,这为农田利用提供了极大的可能性。

目前,为实现污泥的减量化、资源化、无害化,可以采用物理法、化学法、生物法等,例如:浓缩调理、脱水、厌氧发酵、干化和好氧堆肥等。对污泥的最终消纳处置技术主要包括:卫生填埋、土地利用、焚烧发电、制砖、制水泥、制轻质填料、制活性炭等。土地利用能更好地实现污泥的资源化,而填埋与焚烧技术会浪费污泥中含有的大量有机资源。污泥焚烧制砖等综合利用手段需要消耗大量的热能,而且燃烧过程会造成碳排放加剧。与其他污泥处理处置技术相比,好氧堆肥技术不仅不会占用大量土地,造成土地资源的浪费,而且具有其他优势。经过较高温度的发酵后,污泥实现了无害化处理,堆肥产物达标后可以直接回用于农田,修复改善土壤特性,堆肥是目前较为经济和环境友好的污泥处理处置技术。

2022 年 9 月 22 日,国家发展和改革委员会、住房和城乡建设部、生态环境部联合发布了《污泥无害化处理和资源化利用实施方案》,指出要规范污泥处理方式,积极推广污泥土地利用。

一、实验目的

(1) 通过实验学习了解堆肥过程及关键环节。

(2) 掌握堆肥不同阶段的微生物类型及代谢特性。

二、实验原理

好氧堆肥是指在通气条件好、氧气充足的条件下,利用细菌、真菌、放线菌、纤维素分解菌等好氧微生物将污泥中的有机物吸收、氧化、分解并稳定的过程。通过自身的生物代谢,好氧微生物将一部分有机物氧化分解成无毒无害的无机物,另一部分有机物则用于合成新的细胞物质,从而使微生物在降解污染物的同时不断生长繁殖。生物代谢过程产生的能量一部分会以热能的形式被释放至环境中,因此,随着好氧堆肥过程的进行,堆体温度会逐渐升高,一般在 55~60℃时较好。根据温度的变化,好氧堆肥过程可以分为 4 个阶段:升温、高温、降温和腐熟阶段,高温堆肥可以最大限度地杀灭病原菌。好氧堆肥存在矿化和腐殖化两个过程,前期通过矿化产生较多的 CO_2、H_2S 和氨气等废气、水以及热量;而矿化过程的中间产物是形成腐殖质的重要前提之一。堆肥后期,放线菌、真菌等微生物将包括多酚和氨基酸在内的单体缩合成更加稳定的腐殖质(humic substances)。腐殖质是以芳香环作为骨架,由脂肪酸、单糖、多肽和芳香环等通过随机聚合形成的高分子聚合物,含有大量的含氧官能团,包括醇羟基、酚羟基、羧基、醌基和羰基等。这些基团不仅可以传递电子给受体,还可以接受来自电子供体的电子，并将其传递给相应的电子受体，从而参与环境中电子传递的过程。因此，腐殖质能作为电子穿梭体介导电子转移，通过腐殖质转移电子的能力，使得污泥堆肥在自然环境中具有还原重金属的能力。

典型的堆肥工艺包括：好氧静态堆肥工艺、间歇式好氧动态堆肥工艺、连续好氧动态堆肥工艺等。不同国家、不同地区对堆肥技术的选择不同。地域广阔的地区可以选择占地面积相对较大、成本相对较低的条垛式堆肥系统；而土地紧缺的城市会更多采用发酵仓式堆肥系统。不同堆肥技术的区别在于采用不同手段来维持堆体物料均匀性及通气条件。好氧堆肥过程中微生物及酶的活性与堆体氧含量直接相关，堆体氧含量会影响堆肥的质量和效率。不同的供氧方式对堆肥不同阶段腐殖质还原能力产生不同的影响。供氧方式一般分为强制通风、自然通风和被动通风。强制通风是指利用曝气机或者其他设备使堆体维持好氧状态；自然通风是指不通过辅助设备，依靠自然风供氧；被动通风是指在堆体底部铺设带有通气孔的通风管，保证堆体有空气进入。

三、实验仪器和试剂

1. 仪器

容积 50 L 的堆肥装置系统(包含反应室、空气泵、流量计和空气管路)、恒温振荡培养箱、元素分析仪、高速离心机、冷冻干燥机、温度计、电子天平、pH 计、移液管、烧杯、锥形瓶等。

2. 试剂

城市生活污水处理厂污泥、农作物秸秆。

四、实验步骤

(1) 按照污泥与农作物秸秆 2∶1 的比例配制堆料，控制堆料的含水率在 60%左右并混合搅拌均匀，然后分装到 1#、2# 反应室中，保证各反应室内的堆料质量约为 20 kg。

(2) 1#、2# 反应室分别采取连续通风处理和间歇通风处理，均做 2 次重复实验并保持平均通气量一致。根据 0.3 L/(min・kg(干污泥))设置反应室内的通气量。间歇通风处理采取每 20 min 一个周期，其中通气 10 min，停气 10 min。

(3) 堆体温度和 pH 检测：每隔 6～8 h 用温度探头检测堆体中部的温度。每隔 6～8 h 从堆体中取样 5 g，用 50 mL 蒸馏水配制悬浊液，转速 120 r/min 下振荡 2 h，置于离心机中 4000 r/min 下离心 5 min，随后取上清液测定 pH。

(4) 分别采集第 0、2、4、8、16、32 天的堆体中部样品 200 g，混匀后装入塑封袋中，放入冷冻干燥机中干燥 72 h，过 100 目筛(孔径 0.15 mm)，准确称取 10 mg 样品于小锡纸盒中，利用元素分析仪测定样品的总碳(TC)和总氮(TN)。

五、数据记录与处理

(1) 将实验数据记录在表 4-10 和表 4-11 中。

表 4-10　连续通风条件下的堆料数据

时间	堆温/℃	pH	TC/(mg/L)	TN/(mg/L)	C/N
0					
6 h					
12 h					
18 h					
⋮					

表 4-11　间歇通风条件下的堆料数据

时间	堆温/℃	pH	TC/(mg/L)	TN/(mg/L)	C/N
0					
6 h					
12 h					
18 h					
⋮					

(2) 根据测定的 TC 和 TN 数值，计算不同阶段的堆肥样品的碳氮比值(C/N)，并绘制连续通风处理和间歇通风处理 2 种条件下，不同堆肥阶段的碳氮比值变化曲线图。

(3) 绘制连续通风处理和间歇通风处理 2 种条件下，不同堆肥阶段的 pH、温度变化曲线图。

六、注意事项

(1) 实验物料要混合均匀。

(2) 通风处理后，要混合物料，使物料混合更均匀。

七、思考题

(1) 不同供氧方式对堆肥腐殖质还原能力的影响机制是什么？

(2) 影响不同堆肥阶段 pH、温度、C/N 变化的原因有哪些？

实验八　厨余垃圾湿式厌氧发酵实验

厨余垃圾一般指来自居民厨房的家庭垃圾、来自餐厅和食堂的餐厨垃圾及来自菜场的果蔬垃圾。通常含有有机物、蔬菜、水果、肉类等不同成分，属于易腐烂、含有有机质的“易腐垃圾”。2018 年中国易腐垃圾产生量达到 1.08 亿 t。深圳市仅来自家庭厨房的厨余垃圾占易腐垃圾的比例高达 73%。大量的厨余垃圾如果不妥善处理会对环境、社会和经济的可持续发展产生巨大的负面影响。

现有的厨余垃圾处理技术可分为生物法、物理法、化学法等，具体的处理技术包括破碎直排技术、厌氧处理、蚯蚓堆肥、微生物菌体处理、饲料化处理技术、填埋、堆肥、焚烧和机械处理等。

由于对环境保护的持续关注，国内外对厨余垃圾的管理愈发严格。2002 年起，欧盟明令禁止将餐厨垃圾喂给动物。2010 年以来，我国相继出台系列文件加强对餐厨垃圾的管理，发布了关于开展餐厨垃圾资源化和无害化处理试点的通知，许多城市陆续进行了餐厨垃圾处理设施的建设。审批的 100 多个试点项目中，以厌氧消化为主体处理工艺的占到 80% 以上。以广州市为例，2020 年建成运营的厨余垃圾处理设施可处理量为 2200 t/d，其中采用厌氧发酵的为 2000 t/d，采用高温好氧制腐殖酸的处理能力为 200 t/d。北京目前有 23 座餐厨垃圾处理设施，处理能力为 2700 t/d。

一、实验目的

(1) 掌握厨余垃圾等有机物厌氧消化的原理。

(2) 了解厌氧发酵技术的主要控制参数及操作特点。

二、实验原理

厌氧发酵又称为厌氧消化(anaerobic digestion,AD),是指在无氧或缺氧条件下,利用厌氧微生物的作用,有控制地使厨余垃圾中可生物降解的有机物转化为 CH_4、CO_2 和稳定物质的生物化学过程。由于可以产生以 CH_4 为主要成分的沼气,故又称甲烷发酵。常见的厌氧消化工艺包括湿法和干法,由于厨余垃圾含水率较高,基本采用带连续搅拌反应器(continuous stirred tank reactor,CSTR)的湿式厌氧消化工艺。

厌氧发酵技术的特点是实现减量化的同时可以产生甲烷能源,实现沼气能源回收,制备高附加值副产物,可以将潜在于废气有机物中的低品位生物能转化为可以直接利用的高品位沼气;相对于好氧处理,设施简单,运行成本低;处理后废物稳定,可用作农肥、饲料或者堆肥化原料。但厌氧微生物生长缓慢,常规方法处理效率低,设备体积大,厌氧过程气味大,会产生 H_2S 等恶臭气体。

目前,对厌氧发酵的生化过程有 3 种见解,即两阶段、三阶段和四阶段理论。根据三阶段理论(图 4-5):第一阶段,在水解与发酵细菌作用下,复杂的有机化合物被胞外酶转化为小分子有机物;第二阶段,在产氢产乙酸菌作用下,把小分子有机物转化为 H_2、CO_2 和乙酸等;第三阶段,在产甲烷菌作用下,把第二阶段产物转化成 CH_4 等。理论上来讲,70%的甲烷由乙酸盐在乙酰分解型产甲烷菌作用下生成,30%的甲烷由 H_2 和 CO_2 在氢营养型产甲烷菌的作用下生成。

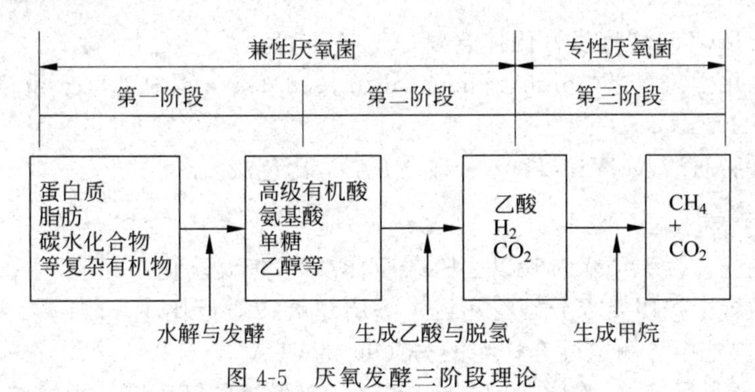

图 4-5　厌氧发酵三阶段理论

厌氧发酵不是简单的接续关系,而是一个复杂平衡的生态系统。影响厌氧发酵性能的主要因素包括 pH、温度、C/N、有机负荷率(organic loading rate,OLR)、水力停留时间(hydraulic retention time,HRT)等。一般来讲,pH 应维持在 6.5～7.5,以平衡微生物种群,促进产甲烷菌生长。较高温度(55℃)可提高产气速率。然而温度越高需要消耗更多能量,最常见的是中温厌氧发酵(20～45℃)。

单基质厌氧消化速度较慢,将厨余垃圾与污泥混合后进行厌氧发酵可以提高甲烷的产量和产率。一般来讲,厌氧发酵最优 C/N 值应该在 20～30。污泥 C/N 值较低,通常是 6～9。而餐厨垃圾具有较高的 C/N 值,采用合适比例混合,可以改善底物的 C/N 值,提高碳源。同时,两者混合后毒性稀释,会加速水解过程,并具有丰富且协同的微生物群落。也不需要额外能源和化学药品投入，被认为是提高消化效率经济有效的方法。

三、实验仪器和试剂

1. 仪器

反应器采用 2 L 的三孔圆形烧瓶，分别设有取料口、机械搅拌口和排气口。反应器外缠满导热线和锡纸保温层，采用温控加热装置保证反应器恒温。设置备料池进行原料混合(图 4-6)。

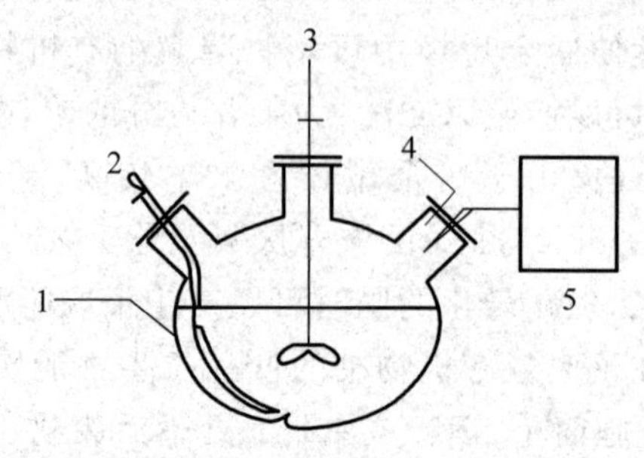

1—消化罐；2—取料口；3—机械搅拌桨；4—排气口；5—集气袋。

图 4-6 实验装置示意图

2. 试剂

实验中使用的餐厨垃圾来源于学校食堂，用铲子在桶中取样，剔除骨头、纸巾和木屑等，用自来水淘洗。原料粉碎到直径 2 mm 左右。测定其固体含量(total solid，TS)和挥发性固体含量(volatile solid，VS)。加水稀释，调节 TS 到 10%左右。污泥取自就近的生活污水处理厂。

3. 分析方法

(1) 固体含量(TS)和挥发性固体含量(VS)：重量法。

(2) 溶解性化学需氧量(soluble chemical oxygen demand，SCOD)：重铬酸钾滴定法。

(3) pH：pH 计。

(4) 挥发性脂肪酸(volatile fatty acid，VFA)：比色法。

四、实验步骤

(1) 污泥驯化。污泥加水过筛以去除杂质，37℃下恒温驯化一天。

(2) 不同装置中按照要求分别将污泥：餐厨垃圾按质量比 1：1、1：2 和 2：3 配制好样品，放置于备料池中。测定混合样品的 SCOD 和 VFA。

(3) 将 N_2 通入反应器，吹脱瓶中剩余的空气，以保持厌氧环境。用橡胶塞密封瓶口，并用润滑油涂满缝隙以密封。

(4) 用温控加热装置使反应器保持在 37℃ 下恒温。采用连续搅拌方式，转速为 300 r/min。

(5) 记录每日产气量及相关参数。气体体积采用 3 L 集气袋收集，每天同一时间更换。用注射器计量气体体积。每日记录 pH。

(6) 每天同一时间取样，测定 SCOD 和 VFA，直到底物 VFA 的 80%被利用，实验结束。

五、数据记录与处理

(1) 表 4-12 为测定的实验开始前的参数。表 4-13 为实验开始后两套装置的实验数据。

表 4-12　实验前参数测定

序号	基质(餐厨垃圾∶污泥)	TS/%	VS/%	(VS/TS)/%	SCOD/(mg/L)	VFA/(mg/L)
1	1∶1					
2	2∶1					
3	3∶2					

表 4-13　实验过程数据记录

时间/d	SCOD/(mg/L)	pH	VFA	日产气量/m^3	甲烷含量/%
1					
2					
3					
⋮					

(2) 分析不同质量比的基质中 VS/TS、SCOD、VFA 等参数的变化特点。

(3) 分析随着时间的变化，SCOD、pH 值、日产气量等参数的变化特点。

六、注意事项

(1) 若每日 pH 低于 5.5，需要向发酵瓶中加入 5%NaOH 溶液，将 pH 调至 6.5～7.5。

(2) SCOD、VFA 等的测量应在每天相同时间相同位置取样。

七、思考题

(1) 餐厨垃圾和污泥的比例对产气量、产气量中甲烷比例有什么影响?

(2) 厌氧发酵主要受哪些因素影响? 这些因素如何产生影响?

实验九　城市污泥的热解产气实验

热解(pyrolysis)是固体废物能源利用的方式之一，在热解过程中，有机成分在高温条件下被分解破坏，快速、显著实现减容。与生化法相比，热解方法处理周期短、占地面积小，可实现最大程度的减容，延长填埋场使用寿命。与普通的焚烧法相比，热解过程产生的二次污染少。热解的气态或液态产物用作燃料与固体废物直接燃烧相比，不仅燃烧效率更高，所造成的大气污染也更少。

热解是一种传统的生产工艺，拥有非常悠久的历史，大量应用于木材、煤炭、重油等燃料的加工处理方面。例如，木材和煤干储后生成木炭和焦炭便是运用热解的方法。随着现代工业的发展，热解技术的应用范围也在逐渐扩展，例如重油裂解生成轻质燃料油，煤炭气化生成燃料气等，采用的都是热解工艺。

直到 20 世纪 60 年代，对城市固体废物的热解技术研究才开始引起关注和重视，到 70 年代初，热解处理才达到实际应用。固体废物经过此种热解处理除了可以得到便于储存和运输的燃料及化学产品外，在高温条件下所得到的炭渣还会与物料中某些无机物及金属成分形成惰性固态物质，从而使得后续的填埋处置作业更安全地进行。

实践证明，热解处理是一种有发展前景的固体废物热处理技术，广泛适用于城市垃圾、污泥、废塑料、废树脂、废橡胶等工业以及农林废物、人畜粪便等在内的具有一定能量的有机固体废物的处理方面。

一、实验目的

(1) 了解热解的概念。

(2) 了解热解的过程。

(3) 熟悉热解装置的操作流程及参数的设置。

二、实验原理

热解是指物料在氧气不足的气氛中燃烧,并由此产生的热作用而引起的化学分解过程,也可以被定义为破坏性蒸馏、干馏或炭化过程。关于热解的经典定义是:在不同反应器内通入氧气、水蒸气或加热的CO的条件下,通过间接加热使含碳有机物发生热化学分解生产燃料的过程。固体废物的热解是一个非常复杂的化学反应过程,包含了大分子键的断裂、异构化和小分子的聚合等反应,最后生成较小的分子。热解反应过程可用下述通式表示:

$$\text{有机固体废物} \xrightarrow{\text{加热}} \text{气体}(H_2 + CH_4 + CO + CO_2) + \text{有机液体(有机酸 + 芳烃 + 焦油)} + \text{固体(炭黑 + 灰渣)}$$

精确而较复杂的方程式可以表示为

$$\text{含碳固体物质} \underset{\text{无氧或缺氧}}{\overset{\text{加热}}{\rightleftharpoons}} \begin{cases} \text{相对分子质量大及中等的有机液体(焦油等)} \\ \text{相对分子质量小的有机液体} \\ \text{多种有机酸 + 其他芳香化合物液体产物} \\ CH_4 + H_2 + H_2O + CO + CO_2 + NH_3 + H_2S + HCN \text{等气体产物} \\ \text{炭黑等固体残余物} \end{cases}$$

从开始热解到热解结束的过程中,有机物处于复杂的变化过程。不同温度区间所进行的反应过程不同,产物组成也不同。高温热解过程以吸热反应为主。在整个热解过程中,主要进行大分子热解成小分子,直至气体产生,同时也有小分子聚合成较大分子的过程。此外,高温热解时,会使碳和水发生反应,包含了一系列复杂的物理化学过程。

三、实验仪器和试剂

1. 仪器

(1) 实验装置如图4-7所示。主要由载气系统、热解炉及温控系统、冷凝系统以及气体净化收集系统4个部分组成。载气为N_2;热解炉选取卧式可开启管式炉,要求炉管能耐受800℃高温;气体净化收集系统由净化器、湿式流量计、干燥管、集气口及集气袋组成,要求密封性好,有一定抗腐蚀性。

(2) 烘箱、铁架台、量筒、定时钟、分析天平。

2. 试剂

城市生活污水处理厂剩余污泥。

四、实验步骤

(1) 将污泥干燥,称取100 g已制样的污泥,装入反应管中并将管口拧紧。

(2) 打开氮气瓶减压阀,调节气体流量计使氮气流量控制在20 mL/min左右,用氮气吹扫除去反应体系内的空气。

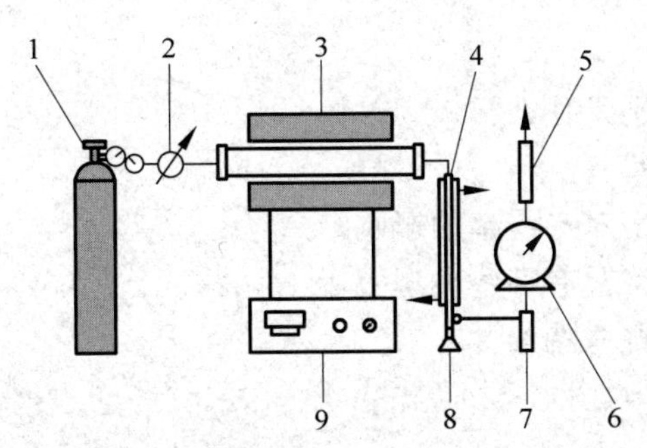

1—氮气瓶；2—气体流量计；3—热解炉；4—冷凝管；5—干燥管；6—湿式流量计；
7—净化器；8—焦油收集瓶；9—温控仪。

图 4-7　热解实验装置

(3) 接通循环水冷却泵的电源，使冷凝水循环流动。

(4) 接通反应炉和温控仪电源，设置升温速率为 20℃/min，将炉温升至 400℃并保持恒温。

(5) 当反应炉温度升至 400℃后，每隔 15 min 记录湿式流量计数据，总共记录 4 h；每隔 1 h 换一次集气袋并将已收集的集气袋密封编号。

(6) 实验结束后测定收集的焦油的量并密封编号保存，待炉温降至室温，收集管内固体残渣测定质量，并密封编号保存。

(7) 对收集的气体进行气相色谱分析。

(8) 实验结束后关闭电源和氮气瓶减压阀，清洗冷凝管、集液瓶等。

(9) 温度分别升高到 500℃、600℃、700℃、800℃，重复实验步骤(1)～步骤(8)。

五、数据记录与处理

(1) 实验数据列入表 4-14 中。

实验时间：＿＿＿＿＿＿＿＿，载气：＿＿＿＿＿＿＿＿，载气流量：＿＿＿＿＿＿＿＿。

表 4-14　不同温度下产气量记录(mL/h)

实验编号	1	2	3	4	5
反应温度/℃	400	500	600	700	800
恒温后 15 min					
恒温后 30 min					
⋮					
恒温后 240 min					

(2) 试分析不同热解温度对产气成分的影响。

六、注意事项

(1) 实验前需仔细检查装置气密性，漏气会直接影响实验结果。

(2) 不同原料产气率不同，应根据实际情况调节载气流量。

(3) 换气袋时需佩戴好口罩，避免异味刺激。

(4) 炉温升高后要避免靠近及接触炉体，实验结束后确保炉温降至室温方可打开炉体。

七、思考题

(1) 热解和焚烧的区别是什么?

(2) 载气的作用有哪些?

(3) 分析不同热解温度对产气率的影响。

(4) 固体废物热解的工艺有哪些类型?

(5) 固体废物热解有哪些特点?

实验十 土壤重金属解吸动力学分析

一、实验目的

(1) 掌握土壤样品的采集。

(2) 了解重金属分析样品制备与原子吸收分光光度法测定方法。

二、实验原理

以校园内或周边农田作为土壤样品采集对象,完成受试土壤样品的采集和预处理;在实验室内制备动力学解吸实验需要的含铅、镉、铜、锌元素的重金属污染土壤,通过石墨炉原子吸收分光光度计确定土壤样品重金属含量。分别在设定的不同时间节点,取样并分析土壤样品通过水溶液解吸得到的铅、镉、铜、锌等重金属元素含量,确定各元素的动态解吸平衡时间和对应的解吸平衡浓度,从而确定目标元素的动力学解吸条件。根据实验结果计算并比较多种重金属元素的解吸能力差异,分析重金属的相关动力学表观解吸特征,探讨影响土壤中重金属元素动力学解吸行为的因素及作用。

三、实验仪器和试剂

1. 仪器

冷冻干燥机、水平转子离心机、火焰原子吸收分光光度计。

2. 试剂

硝酸:优级纯;盐酸:分析纯;硝酸钙:分析纯;硝酸铅:铅单元素标准溶液(1000 μg/mL);硝酸镉:镉单元素标准溶液(1000 μg/mL);硝酸铜:铜单元素标准溶液(1000 μg/mL);硝酸锌:锌单元素标准溶液(1000 μg/mL)。

3. 实验样品预处理

1) 土壤样品的采集

确定理想的采样地块,根据地块大小、地形,选择合适的布点方法,采样过程中避开沟、塘、路、渠、边、灌乔木和人为活动干扰较多的地方;采集深度 0~20 cm 的表层土,拣除砂石、枝叶等杂物,初步粉碎混合,保存于密封袋中、贴标签,带回实验室处理。

2) 土壤样品的预处理

取回的土壤样品,置于冷冻干燥机中冻干。将样品破碎、除杂,用木棒碾碎后,过 2 mm 尼龙筛,进一步除杂。上述土壤样品充分混合均匀后,四分法厘分,一份留存,另一份进一步磨细过 100 目筛,用聚乙烯封口袋封装,4℃下避光保存备用。

四、实验步骤

1. 解吸土壤样品准备

配制 0.01 mol/L $Ca(NO_3)_2$为背景的$Pb(NO_3)_2$、$Cd(NO_3)_2$、$Cu(NO_3)_2$、$Zn(NO_3)_2$重金属混合溶液，其中，Pb^{2+}、Cd^{2+}、Cu^{2+}、Zn^{2+}浓度分别为 10、0.5、8、10 mg/L；称取 1.0000 g 土壤样品于 50 mL 聚四氟离心管中，加入 25 mL 上述溶液，在 25℃下以 150 r/min 振荡 12 h(按照解吸时间点需要设置平行样品数量)。置离心管于水平转子离心机中，在室温下以 3000 r/min 离心 5 min，分析上清液中重金属含量，从而确定土壤样品中重金属含量。去除上清液的土壤样品留作解吸备用。

本步骤需按照具体实验条件或者安排提前开展准备解吸用土壤样品，如解吸用土需长期保存，可在完成吸附过程后将弃除上清液的土壤样品冻干并保存备用。

2. 土壤样品解吸过程

步骤 1 中，在去除上清液的离心管中加入 25 mL 的 0.01 mol/L $Ca(NO_3)_2$ 溶液，在 25℃下以 150 r/min 恒温振荡，分别于 10 min、30 min、1 h、2 h、3 h、4 h 将离心管取出离心；将上清液过 0.22 μm 有机系滤膜过滤，取 20 mL 滤液于 50 mL 具塞比色管中，加 1 mL HNO_3 溶液(体积比 1∶1)，用水稀释、定容，检测 Pb、Cd、Cu、Zn 含量。

3. 重金属工作曲线的绘制

分别取 6 支 50 mL 的具塞比色管，按照不同重金属目标元素的原子吸收分光光度线性范围，分别按表 4-15 所示浓度系列配制，用于绘制重金属检测用工作曲线。

表 4-15　重金属元素工作曲线标准系列浓度设置

元素	浓度/(mol/L)					
Pb	0	1.00	3.00	5.00	10.00	15.00
Cd	0	0.05	0.10	0.30	0.50	1.00
Cu	0	0.50	1.00	1.50	2.00	3.00
Zn	0	0.10	0.20	0.30	0.40	0.50

4. Pb、Cd、Cu、Zn 的测定

检测重金属目标元素前，根据需要设定基本工作条件并配置空心阴极灯(表 4-16)。通过检测空白样品和未知样，测量相应的火焰吸光度；未知样扣除空白吸光度后，根据工作曲线查算得到样品中重金属含量。检测过程中，样品重金属浓度如果超出线性范围，需根据实际情况按比例稀释然后再检测。

表 4-16　原子吸收分光光度计基本分析参数

分析参数	元　素			
	Pb	Cd	Cu	Zn
波长/nm	283.3	228.8	324.7	213.9
光谱带宽/nm	0.4	0.4	0.2	0.4
火焰类型	空气-乙炔，贫燃焰	空气-乙炔，贫燃焰	空气-乙炔，贫燃焰	空气-乙炔，贫燃焰
乙炔压力及流量/(MPa；mL/min)	0.05，1500	0.05，2000	0.05，1600	0.05，1300

续表

分析参数	元素			
	Pb	Cd	Cu	Zn
线性范围/(μg/mL)	0.086～15	0.011～1	0.019～3	0.005～0.5
特征浓度/(μg/mL)	0.141	0.011	0.019	0.006

五、数据记录与处理

(1) 检测得到样品的吸光度，通过工作曲线查算得到被检测样品中的目标重金属元素含量，根据下列公式计算动力学解吸实验各时间点对应的解吸量：

$$M=\frac{CVV_1}{V_0 m} \tag{4-14}$$

式中，M 为目标元素含量，μg/g；C 为被测样品中目标元素浓度，μg/mL；V 为被检测样品溶液体积，mL；V_0 为加入比色管中稀释前的解吸液体积，mL；V_1 为解吸液体积，mL；m 为土壤样品质量，g。

(2) 分别以不同时间节点及其对应的土壤样品中各重金属元素解吸含量，作为横纵坐标，绘制得到 Pb、Cd、Cu、Zn 4 种元素的动力学解吸曲线。

(3) 根据动力学解吸曲线得到重金属解吸平衡时间节点和快慢解吸阶段拐点。

(4) 对比并分析不同重金属元素的解吸速率。

六、注意事项

(1) 解吸管结束离心弃去上清液的过程中，可通过玻璃棒或者滴定管把管口附近的溶液引流干净，防止加入解吸液时造成溶液体积差异而引起解吸水平差异。

(2) 镉的测定波长处在紫外光区，容易受光散射和分子吸收干扰，NaCl 在 220.0～270.0 nm 处存在吸收覆盖 228.8 nm 分析线，Ca 也存在类似情况因此可在解吸溶液中加入 0.5 g $La(NO_3)_3 \cdot 6H_2O$ 消除相应干扰。

七、思考题

(1) 影响土壤中重金属元素动力学解吸的因素有哪些？

(2) 如果被测试样品中目标元素的含量不在原子吸收分光光度计的线性范围内，应当如何应对或者调整实验操作？

实验十一　粉煤灰的资源化利用实验

粉煤灰是火电厂排放的最主要固体废物之一，是燃煤电厂经除尘装置从烟气中收集而得的细灰，也称为飞灰。近年来，随着资源消耗量的增加，粉煤灰产量呈逐年上升趋势。根据中国生态环境部 2020 年 12 月发布的《2020 年全国大、中城市固体废物污染环境防治年报》,2019 年我国工业企业粉煤灰产量约 5.4×10^{8} t,综合利用率 74.7%,已成为中国最大单一固体污染源。虽然利用率在提高,但粉煤灰总量巨大,露天堆放占用大量土地,极易对人体健康和环境造成威胁,随扬尘进入空气的粉煤灰会刺激眼睛、皮肤、喉咙和呼吸道,严重时甚至导致砷中毒。

煤中的微量元素如 As、Se、Cd、Cr、Ni、Sb、Pb、Sn、Zn 和 B 等经过燃烧过程后在粉煤灰中富集了 4～10 倍,其浸出能力受粉煤灰粒径、环境 pH、固液比等因素的影响。在堆场中,雨水的冲刷会使粉煤灰渗透进土层,当土壤环境达到一定条件,水与粉煤灰的交互作用会使粉煤灰中有毒微量元素浸出,最终导致环境污染。2013 年,国家发展和改革委员会等 10 个部门颁布的《粉煤灰综合利用管理办法》对粉煤灰的处置及利用提出了相关要求,粉煤灰的资源化利用依然是目前研究的热点。

一、实验目的

(1) 了解粉煤灰的基本性质和改性方法。

(2) 了解粉煤灰制取微晶玻璃的原理和方法。

二、实验原理

粉煤灰主要成分有 SiO_2、Al_2O_3、CaO、Fe_2O_3 和未燃尽的炭,此外还含有少量的 K、P、S、Mg 化合物与 Cu、Zn 等微量元素。结晶矿物相为莫来石($3Al_2O_3\cdot2SiO_2$)、石英(α-SiO_2)、赤铁矿(Fe_2O_3)等。独特的凝胶性能及特有的球形结构和粒度分布等特征,使其具有多种潜在的综合利用价值。粉煤灰由细小粉末状颗粒组成,主要为实心或空心的球状体,性质上大多为无定形。由于其特殊的孔隙结构(孔隙率可达 50%～80%)具有较大的比表面积,可作为广泛使用的吸附剂,吸附水中的重金属。其组成以粉砂状颗粒为主,低容重、高持水能力、适宜的 pH 以及含有多种植物养分,使其成为潜在的土壤改良剂,在改善土壤性质、修复污染土壤以及受损土地复垦等方面具有巨大潜力。

粉煤灰经熔融处理可形成一种物质即类玻璃质熔渣,化学性质相对稳定,重金属固化效果好。该熔渣经核化和晶化的处理可形成具有高附加值的微晶玻璃,又称玻璃陶瓷。微晶玻璃是兼具玻璃、陶瓷和天然石料三重优点的一种新型建筑材料。与玻璃和陶瓷相比,微晶玻璃具有良好的力学性能,可作为幕墙装饰材料和高档建筑材料。与天然石料相比,微晶玻璃具有良好的耐腐蚀性、较低的吸水性、无放射性污染和不褪色的特点。因此,微晶玻璃被称为新型环保建筑材料。

目前来说,微晶玻璃的制备方法主要有熔融法、烧结法和溶胶-胶凝法。本实验采用烧结法。烧结法是指基础玻璃粉末在烧结力的驱动下,在粉体表面析晶形成致密化程度高的多晶材料的工艺。烧结法制备微晶玻璃是将配制好的原料于 1300～1500℃高温下熔融,使之成为澄清熔浆,然后将高温熔浆迅速水淬冷却生成基础玻璃,经烘干和球磨后形成玻璃粉末,采用加压或不加压的方式使玻璃粉末成型,然后经核化和晶化处理后形成多晶材料,最后经深加工形成微晶玻璃产品。

三、实验仪器和试剂

1. 仪器

电子天平、坩埚、硅钼棒高温炉、烘箱、粉碎机、自制耐火模具。

2. 试剂

电厂粉煤灰、二氧化硅、碳酸钠、氧化镁、氧化钙、硼酸、氧化锌、氟化钙、水玻璃。

四、实验步骤

(1) 用电子天平精确称量原材料和各种化学药品的质量,分别为:粉煤灰 224 g、SiO_2 122 g、CaO 82 g、MgO 14 g、Na_2O 45 g、ZnO 25 g、B_2O_3 10 g、CaF 5 g,并精确至 0.01 g。

(2) 将上述物料放入粉磨机中粉碎,充分粉磨使其混合均匀。

(3) 将混合均匀后的物料放入坩埚中。

(4) 按照以下升温程序升温:以 5℃/min 的升温速率预热至 1200℃,然后以 3℃/min 的升温速率加热至 1450℃,并在 1450℃下保持 3 h。

(5) 坩埚内的玻璃液体倒入 20℃的水中水淬急冷,得到细小的玻璃颗粒。

(6) 将得到的玻璃颗粒放入烘箱内烘干,再将烘干后的玻璃珠放入粉碎机内粉碎,然后过 0.1 mm 的筛子,得到基础玻璃粉末。

(7) 分别取不同比例的基础玻璃粉末与水玻璃搅拌均匀,每组在一定的压力下,放入直径为 50 mm 的模具中,压制成高为 10 mm 的圆柱试样。将圆柱试样放入自制的耐火磨具中,在高温炉里进行高温加热。以 2℃/min 的升温速率从室温加热至 875℃ 并保温 2 h,最后随炉冷却得到粉煤灰微晶玻璃样品。

(8) 改变原材料中粉煤灰比例,重复实验步骤(2)~步骤(7)。

五、数据记录与处理

(1) 分析不同粉煤灰比例下产物的形态。

(2) 延长实验步骤(7)的保温时间,观察微晶玻璃的形状变化。

六、注意事项

(1) 注意高温炉的使用安全。

(2) 物料制备过程中要充分混合均匀。

七、思考题

(1) 列举粉煤灰改性的方法具体有哪些?

(2) 粉煤灰暴露于环境中对人和环境有哪些危害?

(3) 调研粉煤灰资源技术有哪些?比较它们的优缺点。

实验十二　纤维素基水凝胶的制备及吸水性测定

水凝胶是一类由高分子主链和亲水性官能团通过共价键、离子键、氢键或者是物理缠绕交联等方式形成的三维网络结构高分子聚合物,能吸收大量的水而溶胀,且不被溶解。水凝胶作为一种有吸水性但不溶于水的功能高分子材料,溶胀量高且溶胀速率较快,对温度、pH、离子强度、电场等条件的刺激具有响应性,具有高吸水性、保水性、韧性、黏性生物相容性和生物可降解性等诸多优越性能。

水凝胶的分类方法有很多。根据形成网络作用的不同，水凝胶分为通过静电作用、氢键、链的缠绕等物理作用形成的物理凝胶和由化学共价键交联形成三维网络的化学凝胶；按形状尺寸不同，水凝胶可以分为凝胶块、凝胶柱、凝胶膜、凝胶纤维和凝胶微球等；依据水凝胶对压力、电、光、pH 等外界刺激是否有响应，水凝胶可分为环境敏感水凝胶和传统水凝胶；按照能否降解，水凝胶分为可生物降解和不可生物降解水凝胶；按照合成原材料不同，水凝胶可分为合成高分子水凝胶和天然高分子水凝胶。

1. 合成高分子水凝胶

合成高分子水凝胶主要是在特定的聚合条件下，由单体通过引发剂引发聚合而成。单体包括丙烯酸(AA)、2-丙烯酰氨基-2-甲基-1-丙烷磺酸(AMPS)、丙烯酰胺(AM)、甲基丙烯酸酯(MMA)等。单体的类别决定了合成高分子水凝胶的功能。单体中一般都含有碳碳双键，且主要含有亲水性的基团，如羧基、羟基、磺酸基、酰胺基、醚键等，使得合成高分子水凝胶的吸水性能明显增强。因此，合成高分子水凝胶拥有结构清晰、质量稳定、可以进行大工业化生产、热稳定性好等特点，被广泛研究与应用。

朱学文以过硫酸钠为引发剂，将 AA 和 AMPS 在 N,N'-亚甲基双丙烯酰胺的交联作用下合成了具有网络结构的水凝胶，并对交联聚合动力学和机制进行了详细探讨。Spinks 等用聚乙二醇甲基丙烯酸酯和聚丙烯酸形成了一种新型双网络水凝胶，该水凝胶具有优良的机械强度和 pH 敏感性，可以用于人造肌肉和控制释放装置中。Zheng 等将 AM、AA 和 AMPS 在紫外照射下合成了一种阴离子型絮凝性较好的聚合物水凝胶，研究证明该水凝胶比商业聚丙烯酰胺水凝胶在污泥脱水处理方面有更好的效果。Contreras 等用 AM 和 N-2-羟乙基丙烯酰胺与衣康酸共聚合成了一系列水凝胶，探讨了不同单体比例对溶胀性能的影响，该水凝胶有超吸收性能，应用较广。但合成水凝胶的原料制备大多以消耗不可再生的石油资源为主，生产成本较高，同时又难以降解，对环境污染较大。鉴于以上原因，更多的研究者将目光转向了天然高分子水凝胶。

2. 天然高分子水凝胶

天然高分子水凝胶是以天然高分子及其衍生物合成的水凝胶，包括纤维素、木质素、淀粉、甲壳素/壳聚糖、魔芋葡甘聚糖、木聚糖、海藻酸、透明质酸、腐殖酸、果胶、黄原胶、明胶、各种动植物多糖及蛋白质等。这类水凝胶的原材料在自然界储量丰富且可再生，同时具有很好的生物相容性和可降解性，引起越来越多科研工作者的重视。但天然高分子水凝胶也有不足之处，比如：产品的力学强度低，热稳定性较差而且易降解，无法较好地应用，需要改进。近年来，越来越多的学者对天然高分子进行改性，通过聚合反应将亲水性单体接枝到天然高分子链上，从而制得天然高分子改性水凝胶。这种水凝胶拥有优良的吸水性，较好的生物兼容性和生物可降解性，产品废弃后对环境的影响较小，因此有广阔的发展前景。

3. 纤维素类水凝胶

纤维素的理化性能与其结构有密切的关系，纤维素的结构式由 Staudinger 在 1920 年首次证实。它是由葡萄糖结构单元通过 1,4-糖苷键连接而成的线型高分子化合物，如图 4-8 所示。而且分子内和分子间还存在氢键(图 4-9)，导致了纤维素有很大的内聚能，所以纤维素的反应性能不仅受到其本身的化学结构的影响，而且其超分子构型也严重影响其反应性能。

按照现代纤维素结构理论，纤维素内部至少存在 2 种以上的聚集形式，纤维素分子之间

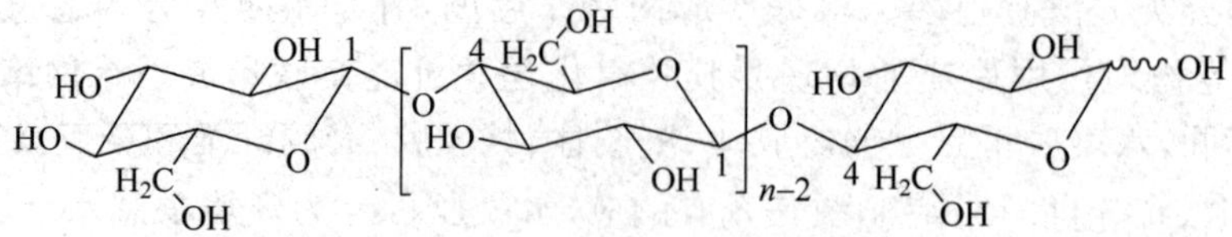

图 4-8　纤维素结构示意图（n 是聚合度）

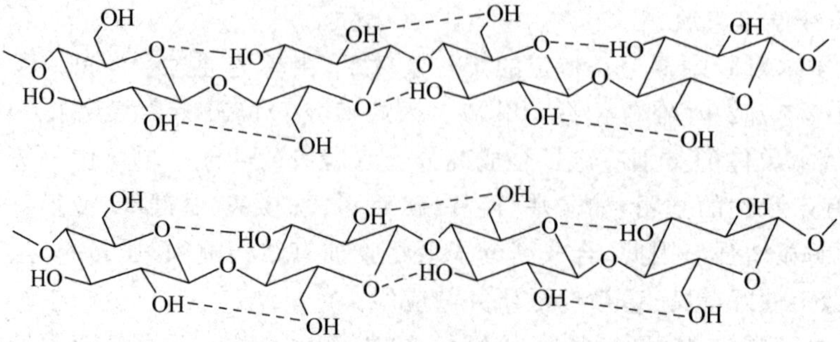

图 4-9　纤维素分子内氢键示意图

以高度有序存在的部分称为结晶区，而无定形区则是纤维素分子随机分布的区域。纤维素的结晶区和无定形区的比例对纤维素的各种性能有重要的影响。由于结晶区高度有序，大多数反应试剂很难进入结晶区内部，而仅能穿透无定形区。实际上，纤维素的可及度不仅受纤维素的聚集结构所制约，而且还受试剂的化学性质、分子大小和空间位阻等因素的影响。经过溶胀处理的纤维素，其结晶度下降，无定形区增加。

在纤维素链中的每个葡萄糖单元上有 3 个活泼的羟基：1 个伯羟基和 2 个仲羟基（图 4-10），所以纤维素的反应大多与羟基有关。由于羟基间可以形成氢键，因而纤维素的反应活性受到很大影响。虽然影响纤维素反应活性的因素很多，但是在多数情况下，伯羟基的反应活性高于仲羟基。特别是与空间位阻较大的基团反应时，伯羟基的反应活性更加明显。纤维素是一种具有纤维形状和高相对分子质量的物质，其本身内部就以多相形式存在，在其内部既有结晶区和无定形区，又有介于两者之间的形态，因此在未溶解的情况下组成纤维素的各个纤维对反应试剂的活性也不一样。反应后，纤维素各链上取代基的分布和取代度都各不相同。

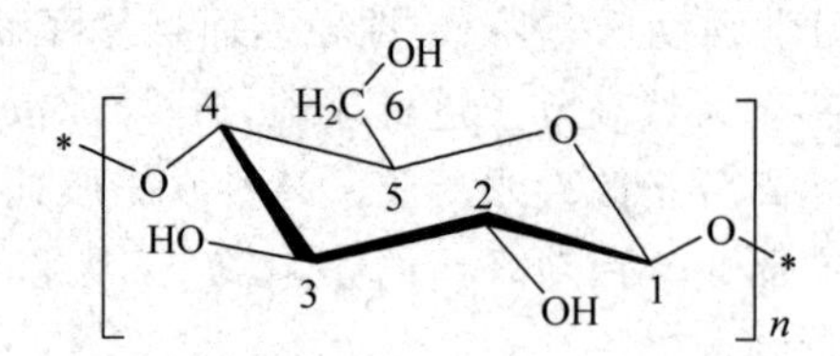

图 4-10　纤维素中的羟基分布示意图

为了得到取代基分布更均匀的高取代度的纤维素衍生物，必须对纤维素进行预处理，如溶胀、溶剂交换和机械研磨等。

纤维素是自然界中分布最广、含量最多的可再生资源，具有无毒、可生物降解等特点。纤维素主要来源于绿色植物的细胞，而每年全世界的绿色植物通过光合作用产生高达约 2000 亿吨的纤维素。纤维素具有一定的吸水能力，但大部分羟基以氢键发生缔合，限制了这种吸水能力。通过醚化、酯化、接枝共聚、交联等方法接上羧基、羟基等高亲水性基团可以改善其吸水性能，通过适度交联可保证凝胶强度。（Mu 等以离子液体为溶剂，用纤维素、壳多糖以及四氧化三铁制备了一种新颖的聚合物涂层磁性混合水凝胶，该水凝胶对重金属离子有较好的吸附作用。Zhou 等在 NaOH/尿素水溶液中，通过环氧氯丙烷交联制备了 β-环糊精/纤维素水凝胶。该水凝胶不但溶胀性能好，而且对 5-氟尿嘧啶和牛血清白蛋白药物能很好地控制释放，同时对苯胺蓝有强的荧光响应。Seki 等通过加入不同浓度生物富马酸和苹果酸交联合成了甲基纤维素和羟乙基纤维素基水凝胶，该水凝胶具有强吸水性及良好的 pH 敏感和盐敏感性。Yu 等用辉光放电电解等离子体引发制备了羧甲基纤维素/丙烯酸高性能水凝胶，该水凝胶在蒸馏水和雨水中有较高的溶胀量，同时有 pH 敏感性和盐敏感性，可用作保水材料。）

水凝胶是一种具有亲水性但不溶于水的高分子聚合物。智能型水凝胶能随着外界环境的改变，本身体积会发生显著变化，具有响应外界刺激的功能，由于还具有诸多的优越性能，如具有生物兼容性、可降解性和高吸水性等，水凝胶已被广泛应用在农业中的保水材料、重金属吸附材料、医药和生物工程材料等领域。

一、实验目的

（1）了解三维网络聚合物制备的原理。

（2）掌握高吸水保水材料的吸水原理及制备方法。

二、实验原理

水凝胶是以水为分散介质的凝胶，是具有三维网络结构的高分子聚合物。在网状交联结构中有一部分疏水基团和亲水基团，亲水基团与水分子结合，将水分子连接在网状内部，疏水基团遇水膨胀。它能够吸收几十到几千倍自重的水分。在一定压力下，水凝胶中的水分也不容易被释放出来。

按交联方式的不同，水凝胶的制备方法根据交联网络结构形成的交联作用不同，可分为物理交联制备与化学交联制备。

1. 物理交联制备

物理交联制备水凝胶的过程：经过搅拌、受热、冷冻、照射、超声波、高压等物理作用，通过静电作用、离子相互作用、氢键和链的缠绕交联形成水凝胶。交联可以发生在小分子单体和聚合物之间，也可以发生在聚合物与聚合物之间。物理交联的水凝胶存在稳定性差、力学性能不好等缺点，因此，由化学交联进行辅助合成很有必要。一些纤维素衍生物在低温时其水溶液（质量浓度 1%～10%）是透明的溶液，随着温度的升高，溶液渐渐地变成胶体（图 4-11），如甲基纤维素溶液，当温度升高到 40～50℃时，会变透明的水凝胶；羟丙基甲基纤维素（HPMC）由溶液变成凝胶的相变温度介于 75～90℃。可通过化学或物理修饰这些纤维素衍生物，来调节其相变温度，如在甲基纤维素溶液中添加 NaCl，其相变温度降为 32～34℃。

2. 化学交联制备

1）交联聚合

由于纤维素及其衍生物存在大量的羟基、羧基等可反应官能团，当加入一些带多官能团的小分子交联剂，在一定条件下可以合成纤维素基水凝胶。

在交联剂存在的情况下，由化学引发剂或辐射（紫外线、γ-射线等）可引发单体经自由基

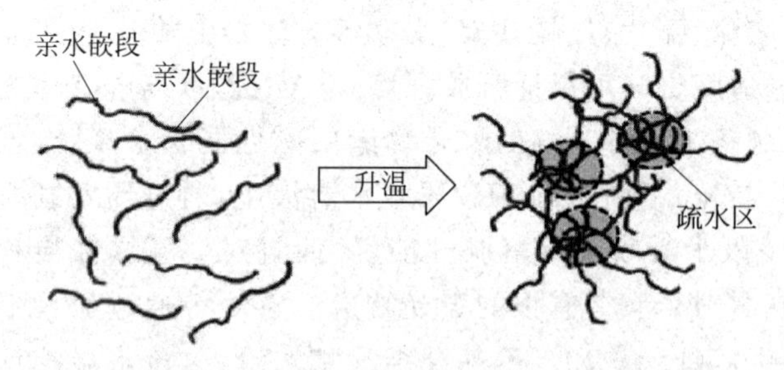

图 4-11　物理交联制备水凝胶示意图

均聚或共聚而制得高分子水凝胶材料(图 4-12)。常用的引发剂有过硫酸钾、四价铈离子、偶氮二异丁腈和过氧化氢等。还原剂有焦亚硫酸钠、四甲基乙二胺和硫酸亚铁铵等。常用制备高分子凝胶材料的单体主要有丙烯酸系列、丙烯酸酯系列、丙烯酰胺系列、*N*-异丙基酰胺和乙烯衍生物系列等。常用的交联剂有 *N*,*N*′-亚甲基双丙烯酰胺、多乙二醇丙烯酸酯等。交联剂的用量对水凝胶溶胀能力和凝胶弹性模量起决定作用。但是高分子水凝胶的综合性能则依据聚合方法(水溶液聚合法或反向悬浮聚合法)、单体种类和组成(丙烯酸、丙烯酰胺及其比例)、交联结构和类型(水溶型或油溶型)等的变化而变化。

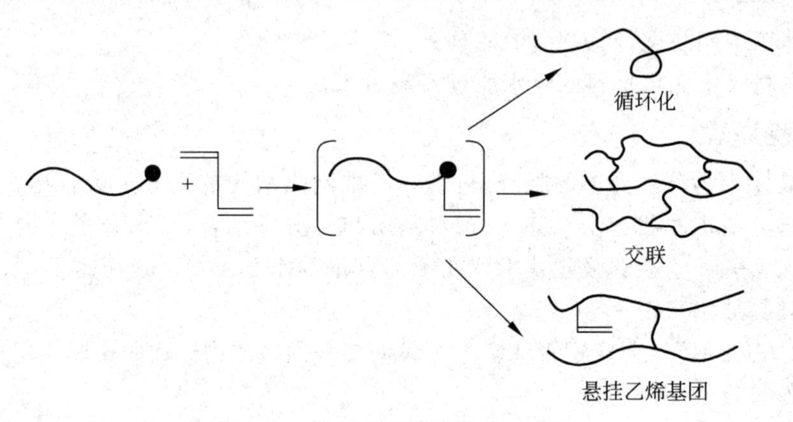

图 4-12　自由基聚合法合成水凝胶

2) 互穿网络

将单体和引发剂浸入水凝胶溶液中,激发后,可合成半互穿网络(semi-IPN)水凝胶,如加入交联剂,可形成全互穿网络(full-IPN)水凝胶(图 4-13)。相比其他方法制备的水凝胶,互穿网络法所制备的水凝胶具有很好的机械强度,更好的柔韧性,可控的物理性能,更有效的药物负载,由于其微孔可调,所以药物释放动力学可控。马敬红等以 5-氟尿嘧啶(5-FU)为模型药物,对羧甲基纤维素钠/聚(*N*-异丙基丙烯酰胺)半互穿网络水凝胶(CMC/PNIPA semi-IPN)的药物释放性能进行了研究。结果表明:在 37℃、pH=7.4 时,该凝胶体系用作 5-FU 的口服释放载体具有较佳的释放性能。许雅菁等以无机黏土为交联剂制备了具有温度、pH 双重敏感特性的羧甲基纤维素钠/聚(*N*-异丙基丙烯酰胺)/黏土半互穿网络纳米复合水凝胶(CMC/PNIPA/Claysemi-IPN),该凝胶具有很好的拉伸强度和韧性。

在带相反电荷的小分子和聚合物之间,或聚合物与聚合物之间,由于电荷的相互吸引可形成交联型水凝胶,也可以通过调节溶液的 pH,使纤维素基聚合物的官能团离子或质子

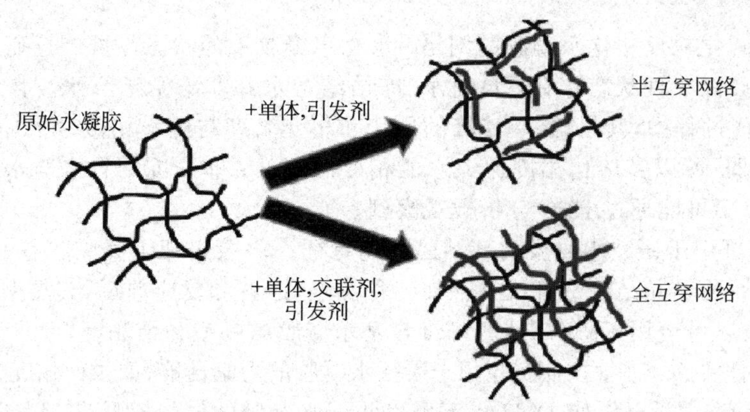

图 4-13　互穿网络法合成水凝胶

化,交联形成水凝胶。

三、实验仪器和试剂

1. 仪器

数显恒温水浴锅、电子天平、电热恒温干燥箱、电动搅拌器、磁力搅拌器、称量纸、量筒、烧杯、表面皿、剪刀、三口烧瓶、回流冷凝装置、温度计、滤纸、玻璃棒、滴管、保鲜膜。

2. 试剂

羧甲基纤维素钠(CMC,USP 级)、丙烯酰胺(AM)、*N*,*N*-亚甲基双丙烯酰胺(MBA)、过硫酸钾、乙醇、氯化钠:均为分析纯。

四、实验步骤

(1) 称取 0.5 g 的 CMC 于 100 mL 三口烧瓶中,加入 30 mL 去离子水,搅拌使其完全溶解。

(2) 向三口瓶中加入 3 g AM 和 0.3 g(0.2～0.4 g)MBA,不断搅拌使其溶解,通入 N_2 将 0.15 g 过硫酸钾溶于 20 mL 去离子水中后缓慢加入到三口瓶中,逐渐升高温度至 70℃,在 70℃下搅拌反应 1～2 h,直至出现凝胶。

(3) 取出水凝胶,剪碎后使用乙醇洗涤,在 70℃下干燥至恒重,即得到 CMC-AM 水凝胶,进行性能测定。

(4) 水凝胶的性能指标测定包括红外/紫外(FT IR/UV),扫描/透射电子显微镜(SEM/TEM),激光光散射(LLS),差热扫描(DSC),X 射线衍射(XRD),力学拉伸实验,核磁共振波谱(NMR)。

a. 红外和紫外除了可以对目标产物和水凝胶进行定性表征外,紫外还可以用于最低临界溶液温度(LCST)的测定。

b. SEM 放大倍数可高达几十万倍,是直接观察高分子微观结构的主要手段,可以用来表征水凝胶的微观结构和表面形态。TEM 具有很高的分辨率和放大率。它是以电子光学方法将具有一定能量的电子汇聚成细小的入射束,通过与样品物质的相互作用激发表征材料微观组织结构特征的各种信息,可以同时提供形貌、成分、结构信息,非常适宜于水凝胶细小颗粒,超级颗粒和纳米粒子等的研究。

c. LLS:可以用来表征水凝胶的微观结构。

d. DSC:水凝胶能吸收大量的水,水与水凝胶的作用及水在水凝胶中的分布,对于水凝胶应用有重要的影响,由于水与水凝胶能形成氢键,使其在聚合物网络中,起到桥联的作用,这种桥联作用塑化或反塑化水凝胶的网络；水在水凝胶中的状态也被广泛研究，目前，大多数人认为水主要以3种状态存在：自由水、冻结结合水和非冻结结合水。自由水也称作非结合水，在DSC过程中，其热焓、热流峰的形状和相变温度与纯水相似；冷冻结合水与水凝胶的结合力较弱，所以其熔化温度比纯水的相变温度低；非冷冻结合水与水凝胶有强烈的相互作用，所以不可能通过DSC分析被观察到。

e. XRD：可用于研究水凝胶内部结晶结构特征。一般表征干凝胶状态的结晶度，也用来表征湿态凝胶的结晶结构。纤维素存在三种晶型，溶解和反应前后，其晶型和结晶度等可能发生改变，所以可运用XRD来研究纤维素基水凝胶的晶型和结晶度。

f. 力学拉伸实验：力学拉伸实验用于表征水凝胶的力学性能，如拉伸强度、断裂伸长率和弹性模量等。动态力学分析如DMTA等可以测试水凝胶的储能模量(E')和损耗模量(E'')。通常溶胀状态下水凝胶的E'和E''非常低，相反收缩状态下则较高。水凝胶的E'和E''与水凝胶中分子间的相互作用如氢键、静电作用、结晶的存在和亲水、疏水相互作用的形成有关。

五、性能测定

1. 蒸馏水与氯化钠水溶液中吸水倍率的测定

切取1小块干燥好的实验产品，用天平准确称重m_1，再将其分别放入蒸馏水和1%的氯化钠水溶液中进行吸水处理，吸水24 h后取出产品，用吸水纸吸取产品表面的水分，在天平上称重m_2，计算其吸水倍率Q。

$$Q=\frac{m_2-m_1}{m_1}\times 100\% \tag{4-15}$$

式中，Q为样品的吸水倍率，%；m_1为干燥后的样品质量，g；m_2为样品吸水后的质量，g。

2. 吸水速率的测定

吸水速率v定义为单位质量的吸水剂在单位时间内吸收水分的速度。切取一小块干燥好的实验产品，用分析天平准确称重m_0，再将其放入蒸馏水中进行吸水处理，吸水t h后取出产品，用吸水纸吸取产品表面的水分，在分析天平上称重m_3，计算吸水速率。每30 min测1次。

$$v=\frac{m_3-m_0}{m_0 t} \tag{4-16}$$

式中，v为吸水速率，h^{-1}；m_3为吸水后样品的质量，g；m_0为吸水实验前干燥的样品质量，g；t为吸水时间，h。

六、思考题

(1) 实验中哪种物质可以起到交联剂的作用？交联剂的使用会影响水凝胶的哪方面性质？具体是如何影响的？

(2) 水凝胶的应用有哪些方面？

实验十三　淀粉接枝丙烯酰胺的制备及絮凝性测定

淀粉是非常普遍存在的一种物质，从化学角度讲，它是一种高聚物，且属于糖类物质。通常情况下淀粉的内部结构由两部分组成：晶体及无定形的片体，两者结合在一起形成晶体-无定形片体。淀粉按其结构来分可分为两种：一种为支链淀粉(图 4-14)；另一种为直链淀粉(图 4-15)。

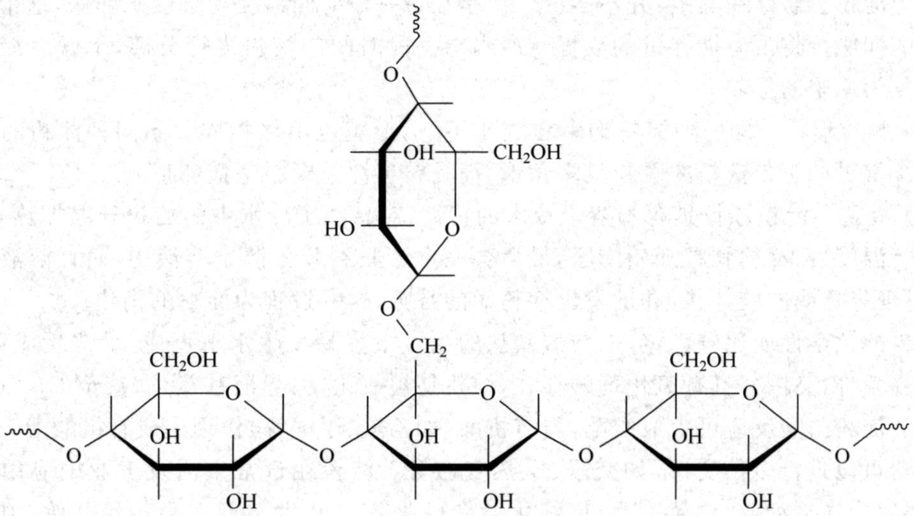

图 4-14　支链淀粉结构

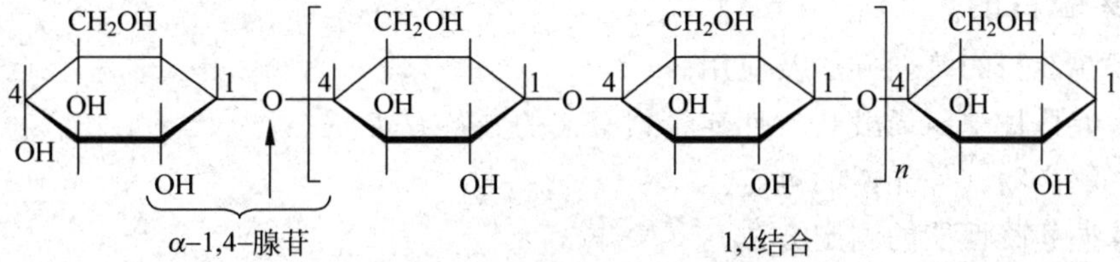

图 4-15　直链淀粉结构

支链淀粉中主链由许多葡萄糖单元构成，α-1,6 糖苷键将支链与主链之间紧密联系在一起，促进其稳定性。不同种类的支链淀粉的聚合度差异较大，主要由其来源决定，绝大多数聚合度在 5000～13 000。直链淀粉呈右手螺旋状，是一种长线形的链状分子高聚物。淀粉的来源不同，其分子结构也不尽相同。直链淀粉同支链淀粉一样也有其聚合度，直链淀粉的平均聚合度在 700～5000。直链淀粉与支链淀粉由于构造的差别，性质也有所不同，如表 4-17 所示。

表 4-17　直链淀粉与支链淀粉性质比较

直链淀粉	支链淀粉
能溶于水	在加热加压情况下才能溶于水
水溶液不是很黏稠	水溶液极其黏稠
有光泽	无光泽
遇碘变蓝色	遇碘变成紫色或红色
溶液容易聚沉	溶液不易聚沉
乙酰生物膜坚韧具有弹性	乙酰生物膜脆而无弹性
能被 β 淀粉酶完全分解	只有小部分被 β 淀粉酶分解

淀粉的主要物理性质如下：

(1) 润胀。尽管淀粉内部含有大量水分，但分子内氢键的存在使得天然淀粉呈粉状。在冷水中淀粉会悬浮在其中，并不溶解。但是在过一段时间后淀粉会吸水膨胀，这个过程就是淀粉的润胀。将没有搅拌过的放置于冷水中一段时间的淀粉进行分离，干燥后淀粉颗粒又会恢复为原来的形貌。

(2) 颗粒形状。同一种淀粉的颗粒大小不一，形貌也不尽相同。不同种淀粉的颗粒也不相同。常见的玉米淀粉的颗粒呈多角形，而马铃薯淀粉颗粒呈鹅卵形。

(3) 糊化。淀粉颗粒具有不溶于冷水的特性，对悬浮于冷水中的淀粉升温加热，当温度升至某一温度后，淀粉颗粒开始膨胀，最后会完全膨胀裂开分散于溶液中，而且溶液会变得黏稠，呈现半透明的胶体状，并散发出淀粉糊的香味，这一过程为淀粉的糊化。

淀粉的化学性质比较稳定，但与酸共热的条件下容易发生水解反应，最终生成葡萄糖。如果外界条件适宜，并且有氧化剂的存在，淀粉易被氧化，引起羟基氧化，甚至 $C_2 \sim C_3$ 键的断裂等。淀粉与酸反应可生成酸酯，与有机酸(如乙酸、甲酸等)作用生成有机酸酯。

淀粉可以进行多种变性，如交联、干热变性等。淀粉在日常生活及工业中应用较为广泛，主要集中在造纸业、食品工业、精细化学品行业等。20 世纪五六十年代开始，国外就开始使用淀粉黏合剂。其性能优于水玻璃，而且容易得到，主要以玉米淀粉为原料制得。

一、实验目的

(1) 了解淀粉的改性方法及应用。

(2) 掌握接枝聚丙烯酰胺改性淀粉絮凝剂的制备方法。

(3) 了解产物红外光谱的测定。

(4) 掌握絮凝性能的测定方法。

二、实验原理

絮凝剂的分类方法有很多种，按照聚合单体的带电基团所带电荷的性质，可分为阴离子型、阳离子型、两性离子型、非离子型等；按照絮凝剂的化学成分分类，大致可分为无机絮凝剂、有机絮凝剂和微生物絮凝剂三大类。无机絮凝剂包括铁盐、铝盐及其聚合物等；有机絮凝剂按其来源又可分为天然高分子絮凝剂和人工合成絮凝剂。在实际应用中，往往根据絮凝剂的性质和作用机制的不同，把它们复合起来使用。无机絮凝剂的絮凝效果好，技术成熟，一直受到人们的关注。天然高分子改性絮凝剂由于无毒、价廉、易生物降解等优点越来越受到人们的关注。微生物絮凝剂是现代生物学与水处理技术相结合的产物，也是当前絮凝剂研究发展的一个重要方向。

1. 无机絮凝剂

无机絮凝剂是应用最早的一种絮凝剂，有着最悠久的应用和研究历史，分为无机高分子絮凝剂和无机低分子絮凝剂两种类型。无机低分子絮凝剂按照金属盐的种类不同可分为铝系和铁系两种絮凝剂，包括氯化铝、硫酸铝、氯化铁和硫酸铁等，其中美国最早开发了硫酸铝，并一直用到现在。常用的铝盐有硫酸铝和明矾(十二水合硫酸铝铁)；铁盐有三氯化铁水合物、硫酸铁和硫酸亚铁水合物等。无机低分子絮凝剂的优点是用法简单，但缺点是用量大、絮凝效果低，而且存在成本高、腐蚀性强等问题。无机高分子絮凝剂是在传统铁絮凝剂和铝絮凝剂的基础上发展起来的一类絮凝剂，因其絮凝效能优于传统絮凝剂，已广泛应用在给水、城市污水、工业废水、水体富营养化处理等过程中,是目前应用的主要的絮凝剂类型。相对于无机低分子絮凝剂,这种絮凝剂具有絮凝能力强、絮凝效果好、价格低廉等特点。日本、俄罗斯、西欧和中国都已具有了相当规模的无机高分子絮凝剂的生产和应用,其产量已占絮凝剂总产量的30%~60%。虽然无机高分子絮凝剂对处理各种复杂成分的水适用性强,可以有效去除细微悬浮颗粒,但生成的矾花不如有机高分子絮凝剂生成的那样大,且单独使用无机絮凝剂的投药量较大。

1) 阳离子型无机高分子絮凝剂

阳离子型无机高分子絮凝剂包括聚合氯化铝(PAC)、聚合硫酸铁(PFS)、聚合硫酸铝(PAS)等。

a. PAC

PAC是各种无机絮凝剂中应用最多、最早、最广的一种絮凝剂,产量较大。PAC的生产有凝胶法和热分解法等。目前,人们对于聚合铝的水解产物的结构仍有不同意见。一般理论认为,聚十三铝是聚合铝中形成絮凝矾花的最佳成分,聚十三铝在水溶液中的形态随时间而变,一般在一定的时间内聚十三铝保持一定的形态而不再水解,这一时期它有一定的稳定性,因而在水处理絮凝过程中发挥了很高的架桥吸附作用和电中和凝聚的作用。因此,它比传统的絮凝剂絮凝效率更高。在PAC中,Al^{3+}和Cl^-根据半径比能形成四次配位,同时与OH—具有相似的配位构型,具有一定的配位效应,能够形成羟氯铝的配位体,电性的影响相对减弱。PAC的适用范围很广,对温度和污染物浓度很高的水都有很好的絮凝效果。它形成矾花的速率快,矾花体积大,并且容易沉淀,絮凝效果甚至能达到传统铝盐的数倍,其适用pH范围也较广,一般为5~9。有研究者曾用PAC对造纸废水进行处理,处理后的废水浊度和化学需氧量(COD)的去除率都达到了85%以上,透光率也达到了很高的程度,出水几乎为清水。

b. PFS

PFS是较早研制成功的铁系絮凝剂,也是比较成熟的絮凝剂。PFS的生产工艺方法很多,如硝酸催化氧化法、氯酸钾(氯酸钠)催化氧化法、空气催化氧化法、一步法、两步氧化法以及微生物氧化法等。影响PFS质量的最主要因素是盐基度。这个值越大,分子的聚合度就越高,形成的聚合物带有的正电荷越多,净水效果越好。但盐基度并不是越大越好,目前成熟的工艺采用的盐基度是8%~15%。超过这个值,产品储存的有效期有限,不利于产品的储存。也有研究者用改性剂对PFS进行一定的改性,以此来提高产物的盐基度和聚合度,从而提高其絮凝性能。此外,影响絮凝性能的主要因素还有硫酸根离子和铁离子的物质的量比等方面,如果比例过小,产生的氢氧根易生成氢氧化铁沉淀,但是比例太大,得到的是含游离酸的硫酸亚铁。合成中一般采用的比例为1.3~1.5(物质的量比)为最佳。

朱富坤等用水热法合成了纳米PFS——一种新型无机型絮凝剂,并用它对长江水样的镇江段水进行了絮凝实验,结果表明,在投加量为0.5 g/L、pH为9时,水体的COD和浊度去除率分别可达到82.9%和90.3%,PFS表现出用量少、处理效率高、处理污水pH适用范围宽等优点。

2) 阴离子型无机高分子絮凝剂

阴离子型无机高分子絮凝剂是在20世纪20年代后期才作为絮凝剂开始在水处理中得到应用的,起主要实质作用的是活性硅酸絮凝剂。在通常条件下其组分带负电荷,对胶粒的絮凝作用是通过架桥吸附使胶粒粘连而完成的,活化硅酸通常采用硅酸钠(水玻璃)加酸制备而成,由于胶凝的pH和时间不容易控制,所以其产品不能长期储存,需在水处理的现场制备,因此,产品的应用不够广泛。但由于活化硅酸具有原料来源广、无毒、成本低、制备工艺简便、对低浊水有特效、处理温度低等特点,近年来国内外开展了大量的改性活化硅酸的研究。

2. 有机高分子絮凝剂

有机高分子絮凝剂与无机高分子絮凝剂相比,具有用量少、絮凝速度快、受体系中共存盐类和pH及温度的影响小、生成污泥量少且易处理等优点。在工业废水、处理炼油废水、高悬浮物废水、印染废水及固液分离中有着广泛的用途。有机高分子絮凝剂可以分为合成有机高分子絮凝剂和天然高分子絮凝剂。

天然有机高分子絮凝剂是以天然高分子物质作为原料经过化学改性后制得一类絮凝剂,目前约占高分子絮凝剂总量的20%,例如改性淀粉、改性纤维素、改性壳聚糖等。

3. 微生物絮凝剂

微生物絮凝剂是在特定培养条件下,将微生物生长代谢至一定阶段产生的具有絮凝活性的代谢产物,通过生物技术对真菌、细菌等进行发酵、抽提、精炼而成的。它高效无毒、对环境无二次污染,已成为絮凝剂发展的重要方向之一。

凝聚作用是指加入无机电解质,通过电中和作用解除水分子中物质的布朗运动,使得微粒能够靠近接触从而聚集在一起。絮凝作用是指加入带有许多能吸附微粒的有效官能团的线状高分子化合物,它像一条长绳一样将许多微粒吸附在一起形成一个絮团,从而加速沉降。长碳链的高分子化合物在微粒之间起到了联系的桥梁作用。这种作用就称为架桥作用。在分散体系中,加入合成高分子絮凝剂的絮凝效果比较显著,这种方法已经在工业中普遍应用。

非离子型改性淀粉絮凝剂主要指淀粉接枝丙烯酰胺单体或者其他烯烃类的絮凝剂,对半刚性的淀粉支链进行接枝,接上柔性的丙烯酰胺单体,能使分子链得到充分的延长,在水中能够发挥充分的溶胀作用,从而使分子的空间伸展得很大,对于污水中污物的网捕和卷扫作用更加明显,絮凝作用表现得更强。同时,丙烯酰胺接枝改性的淀粉有很广泛的适用能力和较强的稳定性,其吸附、亲和作用都很好,是一种目前应用比较多的絮凝剂。

三、实验仪器和试剂

1. 仪器

数显恒温水浴锅、电子天平、电热恒温干燥箱、电动搅拌器、磁力搅拌器、称量纸、量筒、烧杯、三口烧瓶、回流冷凝装置、温度计、玻璃棒、滴管、保鲜膜、比色管、紫外可见分光光度计、傅里叶变换红外光谱仪。

2. 试剂

可溶性淀粉:市售,使用时烘干;丙烯酰胺(AM)、过硫酸钾(KPS)、冰醋酸、丙酮、无水乙醇:分析纯;KBr:光谱纯。

四、实验步骤

(1) 准确称取2 g淀粉放入三口烧瓶中,加100 mL去离子水,在水浴中加热,淀粉粒被破坏而形成半透明的溶液,80℃下糊化1 h。

(2) 降温至 60℃，通氮气 15 min，加入 0.003 mol/L KPS 和 5 g AM，搅拌反应 4 h。

(3) 冷却至室温，用丙酮和无水乙醇洗去未反应的单体 AM，50～60℃下真空干燥，得粗产品。

五、结构与性能测定

1. 结构测定

KBr 研磨压片法，用傅里叶变换红外光谱仪测定。

2. 性能测定

(1) 单体转化率＝(粗产品质量－淀粉质量)/单体质量×100%。

(2) 絮凝效果测定：将絮凝剂淀粉-AM 干燥后，磨碎，以添加用量分别为 0、0.000 02%、0.000 04%、0.000 06%、0.000 08%、0.0001%的比例投入到装有校内湖水的比色管中，摇晃 3 min，静止 10 min 后，用分光光度计测定 440 nm 处的透光率。

六、思考题

(1) 改性淀粉对污水的絮凝作用是如何进行的？

(2) 改性淀粉对污水的絮凝效果与哪些因素有关？

(3) 改性淀粉絮凝剂的主要应用有哪些方面？

(4) 分析不同絮凝剂用量下，对于湖水的处理效果。

实验十四　电子废弃物资源化处理

电子废弃物(waste electric and electronic equipment，WEEE)是指废弃的电子、电气设备及其零部件，俗称电子垃圾。电子废弃物包括生产过程中产生的不合格设备及其零部件；维修过程中产生的报废品及废弃零部件；消费者废弃的设备，如废弃的个人电脑、通信设备、电视机、DVD 机、音响、复印机、传真机等常用的小型电子产品；电冰箱、洗衣机、空调等家用电子电器产品；程控主机、中型以上计算机、车载电子产品、电子仪器仪表和企事业单位淘汰的精密电子仪表等。

为加强废铅蓄电池污染防治，生态环境部联合国家发展改革委等八部门于 2019 年 1 月印发了《废铅蓄电池污染防治行动方案》(环办固体〔2019〕3 号)，整治废铅蓄电池非法收集处理而污染环境的问题，落实生产者责任延伸制度，提高废铅蓄电池规范收集处理率。

2019 年，共有 29 个省份的 94 家处理企业实际开展了废弃电器电子产品拆解处理活动，共拆解处理废弃电器电子产品 8417.1 万台(套)。处理企业拆解的废弃电器电子产品中，电视机 4355.2 万台，电冰箱 1084.5 万台，洗衣机 1582.0 万台，房间空调器 624.9 万套，微型计算机 770.4 万套。

一、实验目的

(1) 了解电子废弃物资源化的重要性。

(2) 了解电子废弃物资源化的主要措施和方法。

(3) 对废电脑显示器进行手工拆解，了解各部分材料、结构组成，并进行分类和计量。

(4) 根据手工拆解材料分类，提出电子废弃物可能的资源化技术。

二、实验原理

电子废弃物数量多、危害大，虽然其潜在价值高，但处理困难。电子废弃物的成分复杂，含有大量的有害物质。例如，显像管内含有重金属铅，线路板中含有铅、镍、铬、镉等，电池和开关中含有铬的化合物和汞。电子废弃物被填埋或者焚烧时，可能形成重金属污染，包括汞、镍、镉、铅、铬等的污染。重金属组分渗入土壤或进入地表水和地下水，将会造成土壤和水体的污染，直接或间接对人类及其他生物造成伤害。

但同时，电子废弃物中又含有大量可供回收利用的金属、玻璃及塑料等，从资源回收的角度分析，潜在的价值很高。例如，电子废弃物主要由金属、陶瓷、玻璃、树脂纤维、塑料、橡胶、半导体、复合材料等组成。城市固体废物中可回收成分为塑料、纺织品、纸、金属、玻璃等，其比例分别为13.5%、2.6%、6.3%、11%、3.4%。相比之下，电子废弃物中有用材料的成分比例要比城市固体废弃物中的高很多。

电子废弃物处理以印刷线路板处理最为复杂，因其含有金属、塑料、玻璃纤维等有用的资源和铅、铬、汞、镉等重金属及卤素阻燃剂等有害物质，因此其合理处置与资源化利用成为电子废弃物回收利用的关键技术之一。本实验通过对废弃电脑显示器进行手工拆解，让同学了解其内在结构，了解资源化的意义。

三、实验仪器和试剂

废旧阴极射线管(CRT)显示器：1台；拆解显示器工具：若干；称量天平：1台。

四、实验步骤

显示器一般由显像管、线路板、屏蔽罩、外壳等几部分组成。显示器拆卸步骤如下。

1. 线路拆卸

从显示器上拔下数据线和电源线。

2. 显示器后盖的拆卸

显示器的外壳一般由面板(前框)、中框和后盖3部分组成。显示器的大部分部件以各种不同的方式固定在面板和中框上，因此面板和中框既是机内元件的重要保护外壳，又是连接这些元件的桥梁和固定器件的骨架。在一般情况下，面板和中框不必拆开，仅需卸掉后盖即可将机内零件拆下。在拆后盖时，先将显示器小心地放在工作台上(工作台上最好放一块较厚的软垫)，将显示器面板朝下，荧光屏置于软垫上。这样可以方便拆卸位于机箱底部的螺钉，也较为安全。目前各类品牌显示器较多，但其拆卸方法大体上有两种：一种是用螺钉紧固；另一种是用卡口卡住。对于采用螺钉的显示器，可用螺钉刀(旋具)从后盖上卸下固定螺钉。对于无固定螺钉的显示器，可先找出固定后盖的卡口，然后用一字螺丝刀将卡口按下，或用手将卡口的锁定柱捏住，即可从显示器上将后盖卸下。在提起后盖时，先将箱体开一小缝，观察一下机内的主线路板是否与后盖相连。有的显示器后盖上有用于稳定主线路板的槽口或卡子，有可能在提起后盖时将主线路板带起。

3. 屏蔽罩的拆卸

目前几乎所有的CRT显示器中都带有屏蔽罩，作用是为了让外界电磁场对显示器的干扰尽可能小，从而使显示图像更加逼真。拆卸时只需在后盖打开的情况下，将其轻轻拿起即可。

4. 线路板的拆卸

显示器绝大部分电路元件安装在主线路板上，它处于显示器的中心位置。各种型号和品牌的显示器的主要区别也在于此。主线路板的主要任务是保证显像管正常工作，并通过几组导线将所需电压与信号供给显像管。主线路板与显像管之间的连接导线的长度有一定冗余，这是为了让线路板在取出时有一定活动余地。大多数主线路板采取卧式安装，左右两边用滑槽或导轨支撑和固定。取出时一般按下列步骤进行。

(1) 取下机芯与消磁线圈、偏转线圈的连接。

(2) 拔掉显像管的管座，拆卸时要特别小心，只能向后垂直用力。

(3) 卸下阳极帽。在拆卸阳极帽时要特别小心，若显示器刚刚工作过，则阳极上往往有很高的残留电压，为避免电击，要先进行高压放电；同时拆卸时还要注意不要碰坏高压嘴。

5. 显像管的拆卸

因为显像管比较容易破碎，拆卸显像管时必须十分小心。具体拆卸步骤如下。

(1) 从显像管体上取下消磁线圈。

(2) 卸下固定显像管和地线的 4 个螺钉。

(3) 拆除显像管上的接地线。

(4) 抓住显像管对角 2 个固定螺钉的金属防爆罩取下显像管。

五、数据记录与处理

(1) 记录拆解后的实验数据，列入表 4-18 中。

(2) 分析不同部件占总体的质量百分数，以及可以采取的资源化措施。

表 4-18　拆解实验数据记录

部件编号	部件名称	材料组成	材料数量/个	材料质量/g	材料处理方法	材料再利用途径	备注
1							
2							
3							
4							

六、注意事项

(1) 实验过程中注意安全。

(2) 在拆卸阳极帽时要特别小心，若显示器刚刚工作过，则阳极上往往有很高的残留电压，为避免电击，要先进行高压放电；同时拆卸时还要注意不要碰坏高压嘴。

七、思考题

(1) 电子废弃物对环境有哪些危害？

(2) 电子废弃物的资源化利用方式有哪些？比较它们的优缺点。

第五章

土壤理化性质测定及污染修复

实验一　土壤基本固体组分的溶蚀剥离

党的二十大报告中明确指出：深入推进环境污染防治，持续深入打好蓝天、碧水、净土保卫战。因此，明确土壤污染的组分和性质至关重要。土壤中包含固体组分、土壤水、土壤生物和空气等。

土壤的固体组分主要由多种矿物成分和有机质成分构成，它们既是土壤的重要"骨架"支撑，也是土壤质量的主要构成部分。土壤组分不但是植物生长生存的必要物质基础，而且会影响甚至限制各种类型的污染物的迁移转化行为。

一、实验目的

(1) 了解不同土壤固相组分对应的化学试剂的溶解作用。

(2) 掌握土壤中几种主要固相成分的化学溶蚀剥离顺序。

二、实验原理

土壤中的碳酸盐、硅酸盐、有机质、干酪根、炭黑等主要固相成分，可以顺序地通过盐酸、氢氟酸、氢氧化钠、酸性重铬酸钾等溶液的对应性溶解作用进行分别去除，剩余的不易通过酸碱去除的黑色残渣态物质主要为炭黑。根据质量平衡关系，可以分析土壤中碳酸盐和有机物质的含量分布。

三、实验仪器和试剂

1. 仪器

电子天平、水平振荡器、离心机(水平转子、PTFE 具塞离心管)、pH 试纸、移液器(移液管)、自动控温摇床、烘箱。

2. 试剂

盐酸溶液：1 mol/L；氢氟酸溶液：10%(体积比为 10%)；氢氧化钠溶液：0.1 mol/L；重铬酸钾-硫酸溶液：K_2CrO_7=0.1 mol/L，H_2SO_4=2 mol/L。

四、实验步骤

1. 碳酸盐的去除

准确称取定量土样于离心管中(约 2.5 g)，缓慢加入 30 mL 盐酸溶液(1 mol/L)。溶液中有明显气泡产生后旋紧塞子，水平振荡器 150 r/min 振荡 24 h。取下离心管，适当摇动使贴壁的土样脱落，离心机 3500 r/min 在室温下离心 20 min，弃去上清液，重新加入盐酸溶液，再重复操作 1 次。

2. 硅酸盐的去除

盐酸溶液处理过的离心管中，依次加 15 mL 氢氟酸溶液和 15 mL 盐酸溶液(1 mol/L)，用玻璃棒将土样搅动均匀分散在溶液中，旋紧塞子，摇床中固定，在 60℃下，150 r/min 摇动 12 h。取出离心管，3500 r/min 在室温下离心 20 min，弃去上清液，重新加入氢氟酸-盐酸混合溶液，再重复上述操作 3 次。

3. 有机质的去除

在氢氟酸-盐酸溶液处理过的含土样离心管中加入 30 mL 蒸馏水，水平振荡器 150 r/min 振荡 1 h。取下离心管，适当摇动使贴壁的土样脱落，离心机 3500 r/min 在室温下离心 10 min，弃去上清液，重新加入蒸馏水，多次重复操作。几次离心后用 pH 试纸检测上清液酸碱性，接近中性时结束水洗操作。

向水洗后的离心管中加入 30 mL 氢氧化钠溶液(0.1 mol/L)，与之前步骤相同条件下振荡(12 h)和离心，弃去上清液，再重复操作 4 次。

4. 干酪根的去除

与步骤 3 中相同水洗操作后，向含土样离心管中加入重铬酸钾-硫酸溶液，摇床中在 55℃下摇动 60 h。取出离心管离心，弃去上覆溶液，再加入重铬酸钾-硫酸溶液，再重复操作 3 次。

5. 炭黑洗涤

用蒸馏水冲洗离心管中残留土样，洗至 pH 接近中性，然后将离心管置于烘箱中，在 105℃下烘干。

如果希望获得某一种或者几种成分去除的土壤样品，只需要将目标成分溶解去除后的土样用蒸馏水冲洗至 pH 接近中性，然后离心脱水，烘干即可。

五、数据记录与处理

(1) 记录实验数据，列于表 5-1 中。

表 5-1　土壤基本组分溶蚀剥离数据记录

组分 指标	碳酸盐	硅酸盐	有机质	干酪根	炭黑
去除前的烘干质量/g					
去除后的烘干质量/g					
目标物的质量/g					
质量百分比/%					

(2) 根据土样的质量差，按照式(5-1)近似计算相应的土壤固体组分质量或者百分含量：

$$w_n = \frac{m_{n-1} - m_n}{m} \times 100\% \tag{5-1}$$

式中，w_n 为某组分的质量百分含量，%；m_{n-1} 为目标成分去除前的干燥后含土离心管质量，g；m_n 为目标成分去除后的干燥后含土离心管质量，g；m 为称量的土样质量，g。

六、注意事项

实验最好在通风橱内完成。

七、思考题

（1）土样的几种主要固相成分分别采用什么试剂进行溶蚀去除？

（2）不同酸性溶液转换加入后，是否可以采用中和的方式实现离心后上清液 pH 的中性操作？

实验二　土壤样品颗粒粒度分析实验

土壤粒度是土壤重要的物理性质之一。它与土壤的物理、化学和生物性质有着密切的关系，土壤的粒度可以反映其母质及发育程度，是划分土壤质地的基础和划分土壤类型的重要依据。土壤粒度分析也称机械分析，是土壤科学最古老的测定技术之一。目前土壤粒度分析法主要有筛分法、沉降法、吸液管法和激光法等。筛分法和沉降法是测定土壤粒度的传统方法，两者以斯托克斯定律为基础，根据各级土壤颗粒沉降时间测定土壤粒度，操作步骤烦琐，耗时较长。近年来，由于激光衍射法操作简单、快速，样品量小，样品测试不受介质温度、介质黏度、试样密度及表面状态等诸多因素的影响，而被广泛应用。

一、实验目的

（1）了解激光粒度分析仪的构成和基本工作原理。

（2）学习利用激光粒度分析仪检测土壤样品粒度的方法。

（3）掌握激光粒度分析仪的具体操作方式和清洁维护的方法。

二、实验原理

激光粒度仪是通过测量颗粒群的衍射光谱，经计算机处理来分析其颗粒分布。它可用来测量各种固态颗粒、雾滴、气泡及任何两项悬浮颗粒状物质的粒度分布、测量运动颗粒群的粒径分布。激光器的激光束经扩散、滤波、汇聚后照射到测量物，其中待测颗粒会产生散射谱。散射谱强度及其空间分布与被测颗粒群大小及分布相关，光束信号被光电探测器接收、放大、转换，经计算机运算、处理，得到分析结果并给出结果分布曲线。

三、实验仪器和试剂

1. 仪器

激光粒度分析仪（Winner 2000）、冷冻干燥机、研钵、电动振动筛、塑料大烧杯（2 L）、药匙、水桶。

2. 试剂

无水乙醇、蒸馏水、校园内不同地点取两种土样 A 和 B。

四、实验步骤

1. 土壤样品预处理

将校园内采集的两种土壤样品分别拣除明显杂质，放入冷冻干燥机中冻干脱除水分。将土样进行手工预碾碎，拣除砂粒、草根等细致杂质，混合均匀。取适量土样置于振动筛中，过100目筛。将筛分后的土样放于封口袋中，在4℃下避光保存备用。

2. 样品粒度检测

1）仪器准备

开机后利用蒸馏水充分润洗和冲洗管路，同时检查管路的密封性，检查水泵工作状况。打开检测室，观察玻璃窗的清洁程度，根据需要拆卸并清洁。观察激光光束的集中程度，根据激光发射方向仪器壁上光斑形状适当调整透光板的位置固定螺丝，使得激光束集中通过透光板孔，在器壁上形成明亮、稳定、集中的光斑。

2）激光粒度仪的简要操作流程

a. 检测前准备工作

（1）开启分析仪，预热10～15 min。

（2）清洗循环系统：按下排水键，把分散介质加入样品桶，待管路和样品窗充满介质后，按排水键。按下循环键，循环冲洗10～15 s后按排水键排水，反复1～2次。

b. 背景测试

（1）按下排水键，分散介质加入样品桶，充满样品窗后，按一次排水键，关闭排水。

（2）按下循环键，几秒钟后观察样品窗气泡排除情况。如有气泡，反复按几次排水键，直到气泡排净。

（3）单击“测试”菜单中的“背景测试”，如背景值过高则反复冲洗管路，甚至清洁样品窗，直到背景达到测试要求。

c. 样品测试

（1）背景测量重复10次后，单击“测试”菜单中的“样品测试”。

（2）在样品桶中加入适量被测样品A，打开搅拌器与超声，使样品充分分散。

（3）结束超声，按下循环键。

（4）观察“测试试图”中能谱曲线与浓度关系，一般控制在1.5左右为最佳。

（5）结果稳定后，单击“保存数据”。

d. 系统清洗

（1）按下排水键，排出样品，再按一次，关闭排水。

（2）按下排水键，加入分散介质到样品桶，管路和视窗中充满后，按下排水键，排水后关闭排水。

（3）按下循环键，循环清洗管路4～5 s，启动联机测试机能，观察能谱高度为“0”，说明清洗干净。

e. 结束测试

（1）单击“查看”菜单中的“关闭视图”。

（2）单击“测试”菜单中的“断开”，与激光粒度分析仪脱机。

f. 重复测试

将样品B重复以上步骤测试。

五、数据记录与处理

(1) 记录不同粒径范围的土样所占总土样的质量百分数,如表5-2所示。

表5-2 不同粒径范围的土样所占总土样的质量百分数

粒径范围	
土样A所占质量百分数/%	
土样B所占质量百分数/%	

(2) 以粒径为横坐标,以粒径对应土样所占百分比为纵坐标,绘制不同土样颗粒的粒度分布图。

(3) 分析土样粒度范围。

(4) 计算并比较不同土样颗粒的平均粒度。

六、注意事项

(1) 激光粒度分析仪所检测样品要性状稳定,遇水不发生机械形变或者化学反应,样品自身没有成分的溶出或者导致管路内水的色变。

(2) 样品的密度应与水密度相近,如果样品密度过小会在样品池中悬浮,如果密度过大则会在管路中沉积,从而影响检测进行或污染管路与玻璃视窗。

(3) 样品的添加要少量多次,其间留出足够的间歇,保证样品浓度条显示数值适中且微幅调整。

(4) 每个样品检测前后,均须按照操作要求充分冲洗样品池和管路,避免由于交叉污染影响分析结果以及仪器稳定性。

实验三　校内花园土壤中的有机质含量分析

土壤有机质(soil organic matter,SOM)一般是指有机残体经微生物作用形成的一类特殊、复杂、性质比较稳定的高分子有机化合物(腐殖酸)。它是土壤营养能力、土地生产能力的来源和保障,同时,也是影响土壤肥力、缓冲能力,以及影响甚至限制土壤中各种类型污染物发生迁移转化的重要因素。因此,土壤有机质是表征土壤环境特征、研究目标污染物环境行为时需要分析的一个重要基础指标。

一、实验目的

(1) 了解土壤有机质对研究污染物环境化学行为的意义。

(2) 掌握土壤有机质分析的基本原理和方法。

二、实验原理

在油浴加热条件下,利用重铬酸钾的硫酸溶液氧化土壤中的有机碳,然后用硫酸亚铁溶液滴定未参与氧化反应的过剩重铬酸钾。通过硫酸亚铁消耗量计算重铬酸钾反应量,从而计算得到土壤有机碳含量,进而通过修正系数得到土壤有机质含量。

三、实验仪器和试剂

1. 仪器

土样筛、分析天平、自动恒温油浴锅、弯颈小漏斗（ϕ50 mm）、硬质试管（ϕ25 mm×200 mm）、酸式滴定管。

2. 试剂

硫酸银粉末、二氧化硅、甘油、粉末状二氧化硅。

邻菲罗啉指示剂：准确称量 1.485 g 邻菲罗啉，溶解于含 0.695 g 七水合硫酸亚铁（$FeSO_4 \cdot 7H_2O$）的 100 mL 水溶液中，置于棕色瓶中避光保存。

重铬酸钾-硫酸溶液（0.4 mol/L）：称取 40.0 g 重铬酸钾溶解于 600～800 mL 蒸馏水中，完全溶解后稀释至 1 L，将溶液移入 3 L 烧杯中。量取 1 L 浓硫酸，少量、多次、缓慢地倒入重铬酸钾水溶液中，得到浓度 c=0.4 mol/L 的酸性重铬酸钾溶液。浓硫酸入水放热，注意安全，防止烫伤、腐蚀，可将 3 L 烧杯放在冷水的塑料盆或者蓄水的洗刷槽中操作。

重铬酸钾标准溶液（0.1000 mol/L）：准确称取 4.904 g 重铬酸钾（优级纯，130℃烘干 2 h），溶解于水中，稀释、定容于 1 L 容量瓶中。

硫酸亚铁标准溶液（0.1 mol/L）：称取 28.0 g 硫酸亚铁，溶解于 600～800 mL 水中，加入 20 mL 浓硫酸，放热、搅拌均匀，过滤到 1 L 容量瓶中，用洗滤纸的蒸馏水稀释，定容至容量瓶刻度。临用前，用重铬酸钾标准溶液标定。

标定方法：准确移取 20.00 mL 重铬酸钾标准溶液（0.1000 mol/L）于 150 mL 锥形瓶中，加入 3～5 mL 浓硫酸、3 滴邻菲罗啉指示剂，用硫酸亚铁溶液滴定，记录其用量，计算硫酸亚铁溶液浓度：

$$c_2 = \frac{c_1 \times V_1}{V_2} \tag{5-2}$$

式中，c_2 为硫酸亚铁标准溶液的浓度，mol/L；c_1 为重铬酸钾标准溶液的浓度，mol/L；V_1 为吸取的重铬酸钾标准溶液体积，mL；V_2 为滴定时消耗的硫酸亚铁溶液的体积，mL。

四、实验步骤

1. 土样采集和预处理

在学校花园采集土样，初步破碎后于阴凉处风干。用镊子挑除植物根叶等有机残体，用木棍压细，过 1 mm 筛。充分混匀后，从中取出试样 10～20 g，研磨，过 0.25 mm 筛，装于封口袋中，4℃下避光保存备用。

2. 有机碳的氧化

准确称取制备好的风干土样 0.05～0.5 g（精确到 0.1 mg）土样（用量参考表 5-3）。置于 150 mL 硬质试管中，加入 0.1 g 硫酸银粉末（消除氯化物的干扰），准确移取加入 10 mL 重铬酸钾-硫酸溶液，将弯颈小漏斗插入硬质试管（使水汽冷凝回流）。

表 5-3　土样用量与有机质含量对应

土样称取质量/g	有机质含量/%
0.4～0.5	<2
0.2～0.3	2～7
0.1	7～10
0.05	10～15

将硬质试管插入铁丝笼中，浸入油温为185～190℃的恒温油浴锅中，管内液面要低于油液面，简单摇动使管内温度均匀。硬质试管放入油浴锅后，油温会下降到170～180℃，当简易空气冷凝管下端落下第一滴冷凝液时开始计时，维持油温170～180℃，保持(5±0.5) min。

3. 硫酸亚铁滴定

从油浴锅中将铁丝笼取出，擦除硬质试管外壁，将管内溶液转移到250 mL锥形瓶中，用蒸馏水冲洗试管和漏斗，洗液并入锥形瓶中，控制溶液体积在50～60 mL。加3滴邻菲罗啉指示剂，用标定过的硫酸亚铁标准溶液进行滴定，溶液颜色由橙黄变蓝绿，再到红棕，结束滴定。

如果样品滴定消耗的硫酸亚铁溶液体积不到空白实验的1/3，则减少土样用量重新测定。

4. 空白实验

取0.2 g二氧化硅替代土样做空白实验，其他步骤与土样测定相同。每批分析的样品至少做2个空白实验。

五、数据记录与处理

$$A=\frac{C\times(V_0-V)\times 0.003\times 1.724\times 1.10}{mw}\times 1000 \tag{5-3}$$

式中，A为土壤有机质质量含量，g/kg；V_0为硫酸亚铁标准溶液滴定空白的用量，mL；V为硫酸亚铁标液滴定样品溶液的用量，mL；C为硫酸亚铁标准溶液浓度，mol/L；0.003为$\frac{1}{4}$碳原子的摩尔质量，g；1.724为有机碳到有机质的换算系数；1.10为氧化校正系数；m为土样质量，g；w为土壤样品干物质含量，%；1000为质量单位g到kg的换算系数。

六、注意事项

(1) 实验过程中加入硫酸时应注意安全，少量、多次、缓慢地加入。每加约100 mL浓硫酸后可稍停片刻，并将3 L烧杯放在冷水的塑料盆或者蓄水的洗刷槽中操作。

(2) 滴定过程中注意颜色变化。

七、思考题

(1) 根据个人对方法原理和实验操作的认识，归纳过程的要点和需要注意的细节。

(2) 为什么将硬质试管放入油浴锅后油温下降，而且温度要维持在170～180℃范围？

实验四　危险废物的水泥固化实验

固化/稳定化是指在危险废物中添加固化剂或黏结剂，经混合后发生化学反应，转变为不可流动固体或形成紧密固体的过程。固化产物是结构完整的整块密实固体。固化/稳定化技术已经被广泛应用于危险废物管理中，包括对于具有毒性或强反应性等危险性质的废物进行处理，使其满足填埋处置的要求；还包括处理过程所产生的残渣，例如焚烧产生的飞灰，进行无害化处理；对被有害污染物所污染的大量土壤进行去污。因此，危险废物固化/

稳定化处理的目的是使危险废物中的所有污染组分呈现化学惰性或被包容起来，以便运输、利用和处置。

固化/稳定化技术可以追溯到20世纪50年代放射性废物的固化处置。20世纪70年代后，危险废物污染环境的问题日益严重，作为危险废物最终处置的预处理技术，稳定化/固化技术在一些工业发达国家首先得到研究和应用。

常用的固化/稳定化技术包括水泥固化、石灰等材料固化、热塑性微包容法、熔融固化法等。固化处理分为包胶固化、自胶固化、玻璃固化和水玻固化。一般废物固化都采用包胶固化的方法。包胶固化是采用某种固化基材对废物进行包裹处理的方法，一般分为宏观包胶和微囊包胶。根据包胶材料的不同，又分为硅酸盐胶凝材料固化、石灰固化、热塑性固化和有机聚合物固化。

一、实验目的

（1）了解固化处理的原理和主要分类。

（2）掌握水泥固化法处理有害废物的研究方法。

（3）了解固化效果的表征参数。

二、实验原理

水泥是最常用的危险废物稳定剂。由于水泥是一种无机胶结材料，由大约4份石灰质原料与1份黏土质原料制成，经过水化反应可生成坚硬的水泥固化体，最适用于无机类型的废物，尤其是含有重金属污染物的废物。水泥品种较多，包括普通硅酸盐水泥、矿渣硅酸盐水泥、矾土水泥、沸石水泥等。其中最常用的普通硅酸盐水泥是钙、硅、铝、铁的氧化物的混合物，其主要成分是硅酸二钙和硅酸三钙。由于水泥所具有的高pH，使得几乎所有的重金属都可以形成不溶性的氢氧化物或碳酸盐被固定在固化体中。

以水泥为基础的稳定化/固化技术已应用在处置电镀污泥方面，包括镉、铬、铜、铅、镍、锌等重金属。水泥也可以用来处理复杂的污泥，如多氯联苯(PCBs)、油和油泥等。研究结果表明，铅、铜、锌、锡、镉均可得到很好的固定，但汞仍然要以物理封闭的微包容形式与生态圈进行隔离。

水泥固化是让废物物料与硅酸盐水泥混合，如果废物中没有水分，则需向混合物中加水，以保证水泥分子发生必要的水合作用，其水合作用主要包括以下几种：

（1）硅酸三钙的水合反应：

$$3CaO \cdot SiO_2 + xH_2O \longrightarrow 2CaO \cdot SiO_2 \cdot yH_2O + Ca(OH)_2 \longrightarrow CaO \cdot SiO_2 \cdot mH_2O + 2Ca(OH)_2$$

$$2(3CaO \cdot SiO_2) + xH_2O \longrightarrow 3CaO \cdot 2SiO_2 \cdot yH_2O + 3Ca(OH)_2 \longrightarrow 2(CaO \cdot SiO_2 \cdot mH_2O) + 4Ca(OH)_2$$

（2）硅酸二钙的水合反应：

$$2CaO \cdot SiO_2 + xH_2O \longrightarrow 2CaO \cdot SiO_2 \cdot yH_2O \longrightarrow CaO \cdot SiO_2 \cdot mH_2O + Ca(OH)_2$$

$$2CaO \cdot SiO_2 + xH_2O \longrightarrow 3CaO \cdot 2SiO_2 \cdot yH_2O + Ca(OH)_2 \longrightarrow 2(CaO \cdot SiO_2 \cdot mH_2O) + 2Ca(OH)_2$$

（3）铝酸三钙的水合反应：

$$3CaO \cdot Al_2O_3 + xH_2O \longrightarrow 3CaO \cdot Al_2O_3 \cdot xH_2O$$

如果有 $Ca(OH)_2$ 存在，则反应变为：

$$3CaO \cdot Al_2O_3 + xH_2O + Ca(OH)_2 \longrightarrow 4CaO \cdot Al_2O_3 \cdot mH_2O$$

亦即：

$$3CaO \cdot Al_2O_3 + Ca(OH)_2 + xH_2O \longrightarrow 4CaO \cdot Al_2O_3 \cdot mH_2O$$

(4) 铝酸四钙的水合反应：

$$4CaO \cdot Al_2O_3 + Fe_2O_3 + xH_2O \longrightarrow 3CaO \cdot Al_2O_3 \cdot mH_2O + CaO \cdot Fe_2O_3 \cdot nH_2O$$

最终生成硅酸盐胶体的这一系列反应是个速率很慢的过程，为保证固化体得到足够强度，需要在足够水分条件下保持很长时间，对水化的混凝土进行保养。水泥固化工艺较为简单，在操作中影响水泥固化的因素包括 pH、水、水泥和废物的量的比例、凝固时间、其他添加剂、固化块的成型工艺。

其中大部分金属离子的溶解度与 pH 有关。当 pH 较高时，许多金属离子将形成氢氧化物沉淀，且水中碳酸根浓度较高，利于生成碳酸盐沉淀。但是 pH 过高时，会形成带负电荷的羟基络合物，溶解度反而升高。水、水泥和废物的量的比例也会影响水合作用。水分过小，无法保证水泥充分水合；水分过大，则会出现泌水现象，影响固化块强度。凝固时间通常设置初凝时间大于 2 h，终凝时间在 48 h 以内。

固体废物通过固化/稳定化过程封装以后，需要对固化体进行安全评价，固化处理效果常用浸出率、增容比、抗压强度等物理和化学指标予以评价。本实验以水泥作为固化基材，主要研究被污染的土壤中固化前后重金属物质的浸出情况，考察用水泥固化污染土壤重金属物质的效果。

三、实验仪器和试剂

1. 仪器

搅拌锅、拌和铲、振动台、养护箱、台城、天平、标准稠度与凝结时间测定仪、压力测试机、原子吸收分光光度计、分光光度计、水泥胶砂模子、pH 计、NYJ2411A 型水泥砂浆搅拌机、WSM-200kN 水泥抗压强度试验机。

2. 试剂

普通硅酸盐水泥，被污染土壤，测定六价铬所需试剂(《固体废物　六价铬的测定二苯碳酰二肼分光光度法》GB/T 15555.4—1995)，测定重金属浓度所需试剂。

四、实验步骤

(1) 称取 50～100 g 样品(被污染土壤)置于容器中，于(105±5)℃下烘干，恒重至两次称量值的误差小于±1%，计算样品含水率。做平行样。

(2) 样品颗粒破碎并通过 9.5 mm 孔径的筛，对于粒径较大的颗粒采用破碎、切割或碾磨降低粒径。

(3) 根据《固体废物浸出毒性浸出方法　硫酸硝酸法》(HJ/T 299—2007)，以质量比为 2∶1 的浓硫酸和浓硝酸混合液作为浸提剂浸出样品。测定浸出溶液的 pH。

(4) 采用原子吸收光谱法测定样品浸出重金属浓度，重金属包括 Cd、Pb、Cu、Zn、Ni。Cr^{6+} 根据 GB/T 15555.4—1995 标准用二苯碳酰二肼分光光度法测定。所有测试均做平行样。测定结果根据《危险废物鉴别标准　浸出毒性鉴别》(GB 5085.3—2007)判定。

(5) 分别在物料中掺入 25%、35%、45%(质量分数)的水泥，将物料和水泥的混合物用水泥砂浆搅拌机搅拌，1 min 后徐徐加入规定量的水（水固比＝0.3，加水时间控制在 5 s 左右），继续搅拌 3 min。随后，放置于养护箱内硬凝至少 24 h，分别在试块成型后的 28 d 测量其无侧压抗压强度和重金属的浸出情况。

（6）根据水泥固化前后重金属浸出浓度变化，计算危险废物浸出率，并分析水泥固化效果。

五、数据记录与处理

（1）记录固化前实验数据（表 5-4）。

含水率：______________。浸出液 pH：______________。

干燥后质量 m：______________。

表 5-4　固化前实验数据记录

重金属种类	固化前浸出浓度 1/(mg/L)	固化前浸出浓度 2/(mg/L)	固化前浸出浓度 3/(mg/L)	平均浸出浓度/(mg/L)	浸出毒性标准/(mg/L)
Pb					1
Cu					100
Cd					1
Zn					100
Ni					5
Cr					15

注：浸出毒性标准指的是《危险废物鉴别标准　浸出毒性鉴别》GB 5085.3—2007。

（2）根据表 5-5 的数据分析水泥固化后重金属浓度变化情况、讨论不同水泥添加量对样品稳定化的影响，推算最佳固化比。

表 5-5　水泥固化 28 d 测定数据

抗压强度	浸出重金属含量/(mg/L)			浸出毒性标准/(mg/L)
	加入 25%水泥	加入 35%水泥	加入 45%水泥	
Pb				1
Cu				100
Cd				1
Zn				100
Ni				5
Cr				15

注：浸出毒性标准指的是《危险废物鉴别标准　浸出毒性鉴别》GB 5085.3—2007。

（3）根据式(5-4)计算危险废物浸出率。

浸出率 R_{in} 是指固化体浸于水中或其他溶液中时，有毒（害）物质的浸出速度。

$$R_{in}=\frac{a_r/A_0}{(F/m)t} \tag{5-4}$$

式中，R_{in} 为标准比表面的样品每天浸出的有害物质的浸出量，g/(d · cm^2)；a_r 为浸出时间内浸出的有害物质的量，mg；A_0 为样品中含有的有害物质的量，mg；F 为样品的表面积，cm^2；m 为样品的质量，g；t 为浸出时间，d。

六、思考题

（1）过多硫酸盐会由于生成水化硫酸铝钙而导致固化体的膨胀和破裂，要如何消除该影响？

（2）水泥固化后为何需要在养护箱中养护一段时间？

（3）简述水泥固化的原理。

（4）常用的固化技术有哪些？它们之间有哪些异同点？

（5）进行固化前后有毒有害物质重金属浸出实验对污染土壤治理有什么意义？

（6）与稳定化其他处理方法相比，水泥固化有什么特点？

第六章

综合设计实验

实验一　校园生活垃圾渗滤液填埋气监测实验

垃圾填埋是城市生活垃圾无害化处理的方式之一，填埋过程中会产生填埋气体、渗滤液等污染物。在填埋场的综合管理中要注意推进环境污染综合防治，加强污染物协同控制。垃圾填埋气(land fill gas，LFG)是指在垃圾填埋场中生活垃圾所含的大量有机物被微生物降解所生成的气体。据测算，1 t垃圾在填埋场寿命期内大约可产生39～390 m^3 的填埋气体。填埋气体的主要成分为 CH_4 和 CO_2，此外还有一些其他成分，如 H_2S、NH_3 等。CH_4 和 CO_2 是重要的温室气体，当今 CH_4 对温室效应的贡献仅次于 CO_2，其当量体积温室效应潜在价值是 CO_2 的21倍。垃圾填埋气如不经回收利用，其潜在的燃爆危险对填埋场工作人员的健康和安全也产生极大威胁，其潜在的温室效应也将对周边环境造成不利影响。

渗滤液(leachate)是指生活垃圾在堆放、填埋过程中，由于废物自身含水或在环境中降水的作用下，其中液体部分通过固体废物层形成的成分复杂的高浓度有机废水。当生活垃圾吸水达到饱和后，渗滤液就会持续产生。

在垃圾填埋场中，影响渗滤液产生量的主要因素包括降水、场址类型、地下水渗入、废物成分和含水量、废物预处理方式(包括是否有压实、破碎)、覆盖方式、废物填埋深度、当地气候条件、水的蒸发量、填埋气体产生量、废物压实密度等。渗滤液产生量和场址也有关系，在干旱地区，产生量可能为零；在潮湿地区的填埋作业，则可能达到降水的100%。新建填埋场渗滤液产生量较小，随着废物量增加而增加。一般来说，废物本身特性对渗滤液成分及浓度影响最大。我国生活垃圾中餐厨垃圾含量在50%以上，可堆腐性强，渗滤液水质通常较差。

填埋场中渗滤液主要来自3个部分：降水入渗、废物含水量、废物分解需要的水量。渗滤液不仅水量变化大，水质变化幅度也大。渗滤液实质上含有多种有机、无机及有毒有害成分，其水质相当复杂。渗滤液的特点是：①渗滤液COD含量高达60 000 mg/L，其中含量排在前列的是芳烃类、烷烃类、醇类、酸类、酚类以及脂类等。污染物种类多、不同地区、不同垃圾成分及不同填埋方式所产生的渗滤液特性变化很大。在垃圾填埋初期，渗滤液中的

BOD_5/COD较高，可生化性良好，可采用生化方法进行处理。但当填埋场稳定或者进入老龄阶段后，其BOD_5/COD值明显降低，生化方法较难处理，一般采用物化或物化与生物连用的工艺。②在处理过程中要注意氨氮浓度、其他金属离子的问题。渗滤液中高浓度氨氮是导致其处理难度增大的一个重要原因，由于氨氮浓度过高，高浓度状态下的铵离子可能产生急性中毒效应，四周的生物在氨超标的情况下，正常生长发育将受到极大影响。同时，使得渗滤液中C/N比过低，不仅加重了受纳水体的污染程度与性质，也给其处理工艺的选择带来困难和复杂性。③渗滤液中含有多种重金属离子，如Zn、Cu、Pb、Ni、Cr等。由于其物理、生化作用使得垃圾中高价不溶性金属转化为可溶性金属离子而存在于渗滤液中，在处理过程中必须考虑对它们进行去除。④有多种微生物包含其中，包括病原微生物和一些致病菌，会对人体健康造成威胁。⑤渗滤液中还存在磷不足、碱度较高、无机盐含量高等问题。中国典型填埋场的渗滤液pH范围在6.51～8.25，BOD范围在1660～24 300 mg/L，COD为5020～43 300 mg/L，TOC为3095～22 230 mg/L，氨氮在941～2850 mg/L范围内。

了解和掌握渗滤液的成分及浓度，不仅对填埋场防渗系统、集排水系统的设计至关重要，也是渗滤液处理系统设计及操作运行中必不可少的参数。

渗滤液处理作为水处理的独立分支，与常规废水处理方法有相同之处，但也有其特殊之处。在填埋场中常用的渗滤液处理技术主要包括：

(1) 渗滤液回灌处理。通过回灌提高垃圾层含水率(提高到60%～70%)，增加垃圾湿度进而增加微生物活性，加快污染物溶出及分解速度。同时，降低渗滤液浓度和渗滤液产生量，节省处理费用。但要注意回灌方式和回灌量。

(2) 生物处理。渗滤液本质上是高浓度有机废水，理论上可以采用活性污泥法、氧化沟、厌氧/好氧法(A/O法)、厌氧-缺氧-好氧法(A2/O法)、生物转盘、升流式厌氧污泥床(UASB)、接触氧化等好氧和厌氧生物处理技术进行处理。

(3) 物化处理。主要目标是去除渗滤液中有毒有害重金属离子及氨氮，可以作为生物化学处理的预处理方法采用。某些方法可以作为预处理后(深度)处理而减轻生物处理负荷或进一步提高出水水质。常用的物化处理方法包括化学氧化法、化学沉淀法、吸附法、混凝、膜分离、吹脱(可用于去除高浓度NH_4^+-N)等。

一、实验目的

(1) 了解渗滤液的主要来源、性质和形成过程。

(2) 掌握渗滤液各项指标的分析方法。

(3) 通过分析渗滤液性质的变化，设计合理的渗滤液处理方案。

(4) 掌握填埋气体测定方法。

(5) 了解垃圾填埋气随填埋时间改变的变化规律，分析填埋场运行情况。

(6) 设计垃圾填埋场填埋气的收集和再生利用方案。

二、实验原理

本实验目的是通过垃圾填埋模拟实验，评判垃圾填埋气、渗滤液随填埋时间改变的变化规律，为垃圾填埋场设计填埋气的收集、再生利用方案和渗滤液的处理技术提供依据。

三、实验仪器和试剂

1. 仪器

渗滤液产生模拟装置(图 6-1)：1 套用有机玻璃生物反应器来模拟城市固体废物填埋场反应条件的反应器。反应器主体为圆柱体，铁皮制，直径约 1 m，高 1.5 m。用垫圈和硅树脂密封剂维持厌氧条件。设置 2 个多孔板放置在反应器的顶部和底部，顶部法兰边缘开几个端口提取气体样品，从反应器底部收集和导出垃圾渗滤液。

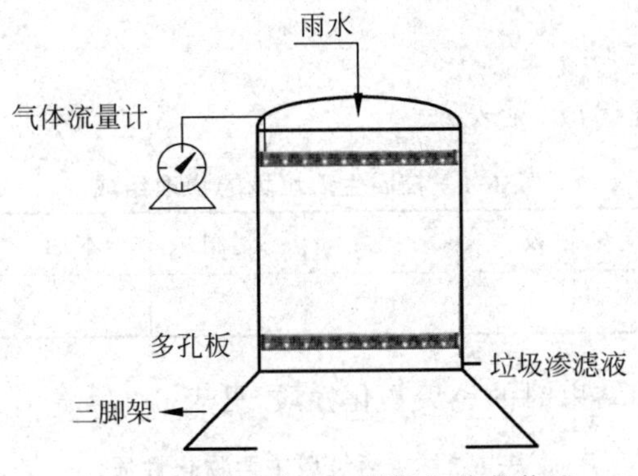

图 6-1　渗滤液产生和填埋气收集装置

SS 测定装置：全玻璃微孔滤膜过滤器，GN-CA 滤膜，孔径 0.45 μm、直径 45～60 mm 滤膜，干燥器，无齿扁嘴镊子，真空泵，内径为 30～50 mm 称量瓶，烘箱。

氨氮测定装置：可见分光光度(T6)、氢氧化钠、碘化汞、碘化钾、滴石酸钾钠、氯化铵、硫代硫酸钠、硫酸锌、盐酸、硼酸、溴百里酚蓝、淀粉-碘化钾试纸。

GC-14A 气相色谱仪：带 TCD 检测器与色谱工作站；色谱柱；3 m×ϕ3 mm 不锈钢管柱；60～80 目 TDX-01 填料作固定相。色谱分离分析条件：载气(N_2)流速 30 mL/min，柱温 105℃，检测器温度 120℃，进样口温度为 105℃，热导池桥电流为 120 mA。

火焰原子吸收分光光度计：镉空心阴极灯，氩气钢瓶。

BOD 分析装置，COD 快速测定仪，溶解氧测定仪元素分析仪，500 mL 锥形瓶若干，1000 mL 量筒 2 个，10 L 渗滤液收集桶 2 个，温度湿度计，大气压力计，集气瓶。

2. 试剂

校园食堂生活垃圾、厌氧污泥(可取自于当地污水处理厂)。

四、实验步骤

(1) 按照四分法的取样方法从高校校园采集食堂生活垃圾并记录垃圾的来源。

(2) 将生活垃圾去除砖块、石头等异物，手工进行垃圾分类。测定垃圾的基本物理组成(餐厨、纸类、塑料、布类、木屑、其他等)，测定垃圾含水率、挥发性物质含量、热值、不可燃物质含量等基本性质。

(3) 将去除异物后的垃圾切成小于 8 cm 左右的碎片，称重，并混合 1 L 的厌氧污泥。混合均匀后，分批加入渗滤液产生装置，并添加适量表土压实。堆积至 1 m 左右，盖上顶盖。记录开始时间、环境温度、压力、湿度。

(4) 按照当地气象资料，依据年、月平均降雨量确定模拟降雨量定期向反应器注水。

(5) 用塑料桶收集渗滤液，每天记录环境温度、湿度、渗滤液产生量。前 3 天每天取样

3次，分别测定渗滤液的BOD、COD、氨氮、pH、悬浮固体(SS)、溶解氧(DO)、总碳(TC)和总氮(TN)、重金属含量。从第4天开始，每天测定1次即可。

(6) 每日记录气流流量计显示的气体流量，定期收集填埋气体，采用气相色谱仪进行甲烷和二氧化碳的含量分析。前期采样频率为1次/天，垃圾层进入相对稳定期后，每隔1周进行采样分析。

(7) 渗滤实验结束后，测定垃圾的含水率、挥发性物质含量、热值等基本性质，最后妥善处理废弃物。

五、数据记录与处理

(1) 记录垃圾的物理组成，见表6-1。

表6-1 校园生活垃圾的物理组成

物理组成	厨余垃圾	纸类	塑料	木屑	织物	其他
含量/%						

(2) 记录实验开始和结束时的垃圾物化性质，见表6-2。

表6-2 生活垃圾主要物化性质

物化性质	实验开始	实验结束
含水率/%		
挥发性物质/%		
不可燃成分/%		
热值/(kJ/kg)		
容重/(kg/m^3)		

(3) 记录渗滤过程中环境因素和渗滤液的水量、水质变化，如表6-3。记录实验过程中填埋气体的产生量和含量，列入表6-4中。

表6-3 渗滤液水质水量统计

日期	环境温度/℃	环境气压/Pa	水量/L	环境相对湿度/%	渗滤液水质指标							
					BOD	COD	pH	SS	DO	TDS	氨氮	重金属
D11												
D12												
D13												
D21												
⋮												

表6-4 填埋气体产气量和含量测定

日期	产气量	CO_2 含量	CH_4 含量
D1			
D2			
D3			
⋮			

(4) 根据测定的TC和TN数值，计算不同阶段渗滤液的碳氮比(C/N)，绘制不同阶段碳氮比变化曲线图。

(5) 根据表6-3，绘制渗滤液各污染物质变化曲线，分析变化规律，讨论影响渗滤液水质的主要因素。

(6) 绘制产气量的变化规律。以时间(t)为横坐标，分别以累计产气量(L)、甲烷含量(%)、二氧化碳含量(%)为纵坐标绘制折线图。分析累计产气量、甲烷含量、二氧化碳含量，分析产气波动变化特点及产生原因。

(7) 根据渗滤液水质及其处理要求，设计可行的渗滤液处理方案。

(8) 绘制渗滤液处理流程图，并分析方案的可行性。

六、思考题

(1) 渗滤实验前后生活垃圾物理化学性质变化的原因是什么？

(2) 影响渗滤液产生的原因有哪些？

(3) 讨论渗滤液可生化性能，有哪些可行的处理方案？

(4) 根据实验数据，分析单位固体废物填埋产气量及其甲烷含量，分析垃圾填埋能源化再生的应用潜力。

实验二　生活垃圾堆肥化及腐熟度测试

一、实验目的

(1) 掌握垃圾堆肥的原理和过程。

(2) 了解堆肥过程中的影响因素，学习如何管理影响因素。

(3) 了解评价堆肥腐熟度的各种方法、参数和指标。

(4) 掌握常用的腐熟度分析方法的原理和测定过程。

二、实验原理

堆肥化(composting)是利用自然界广泛存在的微生物，有控制地促进固体废物中可降解有机物转化为稳定的腐殖质的生物化学过程。堆肥化产品称为堆肥(compost)。堆肥是黑色、无定形、酸性、含氮量高、胶体状的高分子有机化合物。腐殖质在土壤中，在一定条件下缓慢地分解，释放出以氮和磷为主的养分来供给植物吸收。在好氧堆肥过程中，首先是有机物中的可溶性小分子有机物透过微生物的细胞壁和细胞膜而被微生物吸收利用。不溶性大分子有机物则先附着在微生物的体外，由微生物所分泌的胞外酶分解为可溶性的小分子物质，再输送入细胞内为微生物所利用。通过微生物的生命活动(合成及分解过程)，把一部分被吸收的有机物氧化成简单的无机物；把另一部分有机物转化合成为新的细胞物质，供微生物增殖所需(图6-2)。有机物好氧生物分解十分复杂，可以用以下通式表示：

$$\text{有机物} + O_2 + \text{营养物} \xrightarrow{\text{微生物}} \text{细胞质} + CO_2 + H_2O + NH_3 + SO_4^{2-} + \cdots + \text{抗性有机物} + \text{热量} \tag{6-1}$$

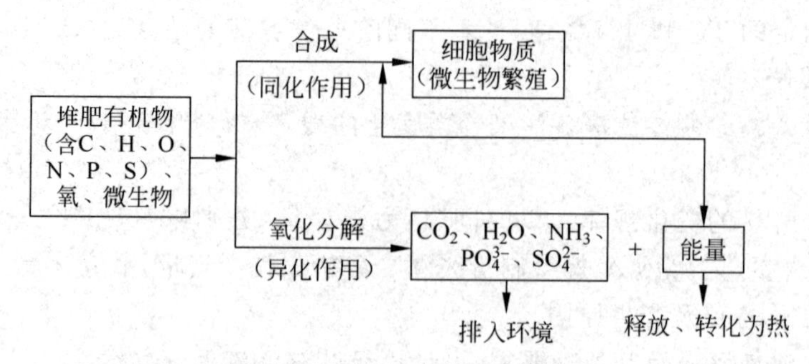

图 6-2　细胞物质（微生物繁殖）

如果将固体废物中的有机物表示为 $C_aH_bO_cN_d$ 的形式，而最终难以降解的抗性有机物表示为 $C_wH_xO_yN_z$，则好氧分解反应可表示为：

$$C_aH_bO_cN_d+\left(\frac{ny+2s+r-c}{2}\right)O_2 \longrightarrow nC_wH_xO_yN_z+sCO_2+rH_2O+(d-nz)NH_3 \tag{6-2}$$

式中，$r=0.5[b-nx-3(d-nz)]$，$s=a-nw$。

在生物代谢活动中，除上述异化作用外，还包括细胞物质的合成，即同化作用，其反应方程式为：

$$nC_xH_yO_z+NH_3+\left(nx+\frac{ny}{4}-\frac{nz}{2}-5x\right)O_2 \longrightarrow$$

$$C_5H_7NO_2+(nx-5)CO_2+\frac{ny-4}{2}H_2O \tag{6-3}$$

由于堆肥温度较高，部分水以蒸汽形式排出。堆肥产品与堆肥原料比值为 0.3～0.5（这是氧化分解减量化的结果）。堆肥抗性有机物 $C_wH_xO_yZ_z$ 中 w、x、y、z 通常可取如下范围：$w=5\sim10$，$x=7\sim17$，$y=1$，$z=2\sim8$。

堆肥化过程中发生的生物化学反应极其复杂，在实际设计和操作过程中，温度变化通常分为：潜伏阶段、中温增长阶段、高温阶段和熟化阶段。影响堆肥化效果的因素很多，包括通风供氧、粒度、碳氮比(C/N)、含水率、搅拌和翻动、温度、病原微生物的控制、pH、场地面积等。其中通风供氧、含水率、温度是最主要的发酵条件。主要影响因素的说明见表 6-5。

表 6-5　好氧堆肥化设计中的主要影响因素说明

影 响 因 素	影响情况说明
粒度	理想的粒度是 25～75 mm
C/N	较适宜范围在 25～50。如果 C/N 过低，则超过微生物生长需要的多余 N 会以氨的形式逸散，从而抑制微生物生长；若 C/N 过高，微生物繁殖会受到氮源限制，分解速率降低
接种	按 1%～5%的质量分数向物料中添加腐熟的堆肥产物，也可以用废水污泥接种
含水率	范围在 50%～60%，最佳在 55%
搅拌和翻动	物料需定期搅拌，搅拌强度和频率因堆肥工艺而异
温度	开始几天维持在 50～55℃，剩余时间维持在 55～60℃，温度超过 66℃，则微生物活性显著下降
病原微生物的控制	最高温度达到 60～70℃，并将该温度维持 24 h，以杀灭病原微生物和植物种子

续表

影响因素	影响情况说明
通风供氧	让空气到达物料各个部分,特别是采用强制通风的堆肥系统中
pH	适宜范围是7～7.5,最高不超过8.5
场地面积	一般来说,处理规模越大,单位处理规模占地面积越小。处理规模为50 t/d的堆肥工厂须占地6000～10 000 m^2

测定堆肥腐熟度对于堆肥工艺的研究、设计以及肥效评价、堆肥质量管理等有重要意义。堆肥产品稳定化后认为无害化的堆肥过程已经结束,其判定标准就是"腐熟度"。堆肥稳定和腐熟的含义包括两个方面:一是堆肥产品稳定化、无害化,即对外界环境不产生不良影响;二是该产品不影响作物的生长和土壤的耕作能力。

所谓腐熟度,是国际上公认的衡量堆肥反应进行程度的一个概念性参数。一般认为,作为一项生产性指示反映进程的控制标准,必须具有操作方便、反映直观、适应面广、技术可靠等特点。多年来,国内外许多研究人员对腐熟度进行过多种研究和探讨,提出了许多评判堆肥腐熟度、稳定性的指标和参数。

国内学者在总结国内外有关研究工作的基础上,主要从化学方法、生物活性法、植物毒性分析法等方面对堆肥腐熟度、稳定性及安全性的研究做出概述。这些参数和指标在堆肥初始和腐熟后的含量或数值都有显著变化,其定性变化趋势明显,如C/N降低、氨氮减少和NO_3-N增加,阳离子交换量升高,可生物降解有机物减少,腐殖质增加,呼吸作用减弱等。

1. 物理方法

物型方法也称表观分析法,根据外观、气味和温度等评价堆肥的稳定性。堆肥腐熟后,堆体温度与环境温度趋于一致,一般不再明显发生变化。但由于堆体为非均相体系,其各个区域的温度分布不均衡,限制了温度作为腐熟度定量指标的应用,但仍然是堆肥过程最重要的常规检测指标之一。外观呈现茶褐色或暗灰色,无恶臭有土的霉味,不再吸引蚊蝇;其产品呈现疏松的团粒结构;由于真菌的生长,其产品出现白色或灰白色菌丝。当微生物活动减弱时,热的生成率也相应下降,因而堆肥温度下降,一旦前期发酵的终点温度达到43～50℃,且一周内持续不变,则可认为堆肥已完成一次发酵过程。此法是凭经验观察堆肥的物理性状,可以作为定性的判定标准,难以进行定量分析。

2. 化学方法

化学方法的参数包括C/N、氮化合物、阳离子交换量、有机物和腐殖质等。

(1) C/N。固相C/N是传统的最常用的堆肥腐熟度评价方法之一。一般来说,堆肥的固相C/N值从初始 的(25～30):1或更高降低到(15～20):1以下时,认为堆肥达到腐熟。但是初始和最终C/N相差较大,使其广泛应用受到限制。

(2) 氮化合物。铵态氮(NH_4-N)、硝态氮(NO_3-N)及亚硝态(NO_2-N)的浓度变化,是堆肥腐熟度评价常用参数。堆肥初期NH_4^+-N含量较高,堆肥结束时其含量减少或消失,NO_3-N含量增加,数量最多,NO_2-N含量次之。这类参数受温度、pH、通气条件、氮源等因素影响,通常只作为堆肥腐熟参考,不作为绝对指标。

(3) 阳离子交换量(cation exchange capacity,CEC)能反映有机质降低的程度,是堆肥的腐殖化程度及新形成的有机质的重要指标。有研究者认为,CEC与C/N之间有很高的负相关性(相关系数 $r=-0.903$),可作为评价腐熟度的参数。

(4) 有机物。堆肥过程中,堆料中的不稳定有机物质分解转化为 CO_2、水、矿物质和稳定化有机质,堆料的有机质含量变化显著。反映有机质变化的参数有 COD、BOD、挥发性固体(VS)、生物可降解物质(BDM)等。在堆肥过程中,最易降解的有机质为微生物所利用而最终消失。实际堆肥过程中,糖类首先消失,接着是淀粉,最后是纤维素。一般认为,淀粉的消失是堆肥腐熟的重要标志,可以通过点状定性检测器完成。

(5) 腐殖质。在堆肥过程中,原料中的有机质经微生物作用,在降解的同时还进行着腐殖化。用 NaOH 提取的腐殖质(humus,HS)可分为胡敏酸(humic acid,HA)、富里酸(fulvic acid,FA)及未腐殖化的组分(non humified fraction,NHF)。堆肥开始时,一般含有较高的非腐殖质成分及 FA 和较低的 HA,随着堆肥过程的进行,前两者保持不变或稍有减少,而后者大量产生,成为腐殖质的主要部分。可以采用不同的腐殖质参数表示堆肥腐熟度,比如腐殖化指数(humification index,HI)(HI=HA/FA)、腐殖化率(HR)(HR=HA/(FA+NHF))、胡敏酸含量(HP)(HP=HA×100/HS)等。

3. 生物活性法

反映堆肥腐熟和稳定情况的生物活性参数包括呼吸作用、微生物种群和数量以及酶学分析等。其中使用较为普遍的是呼吸作用参数,即耗氧速率和 CO_2 产生速率。在堆肥中,好氧微生物的主要生命活动形式就是在分解有机物的同时消耗 O_2 并产生 CO_2。研究表明,CO_2 生成速率与耗氧速率具有很好的相关性。耗氧速率(mg/(g·min))和 CO_2 产生速率(mg/(g·min))标志着有机物分解的程度和堆肥反应进行的程度,以耗氧速率或 CO_2 产生速率作为腐熟度标准是符合生物学原理的。由于受堆肥原料本身的影响较小,耗氧速率作为腐熟度标准具有应用范围较广的特点,不但可用于垃圾堆肥,也可用于污泥堆肥、污泥-垃圾混合堆肥等过程的腐熟度判断。一般认为,每分钟耗氧百分率在 0.02%~0.1%范围内为最佳。

4. 植物毒性分析法

通过种子发芽和植物生长实验可直观地表明堆肥腐熟情况。种子发芽实验是测定堆肥植物毒性的一种直接而快速的方法。植物在未腐熟的堆肥中生长受到抑制,而在腐熟的堆肥中生长得到促进。一般认为,堆肥腐熟水平可以以植物的生长量表示。

植物毒性可用发芽指数(germination index,GI)进行评价,通过以十字花科植物种子进行发芽实验,根据其发芽率和根长得出植物发芽指数。

$$\mathrm{GI}=\frac{\text{堆肥处理的种子发芽率}\times\text{种子根长}}{\text{对照组的种子发芽率}\times\text{种子根长}}\times 100\% \tag{6-4}$$

三、实验仪器和试剂

1. 仪器

堆肥实验装置由强制通风供气系统、反应器主体和渗滤液分离收集系统 3 部分组成,如图 6-3 所示。

(1) 强制通风供气系统。气体由空压机 1 产生后可暂时贮存在缓冲器 2 里,经过气体流量计 3 定量后从反应器底部供气。供气管为直径 5 mm 的蛇皮管。为了达到相对均匀的供气,把供气管在反应器内部分加工为多孔管,并采用双路供气的方式。

(2) 反应器主体。堆肥实验核心装置是一次发酵反应器。设计采用有机玻璃制成罐,

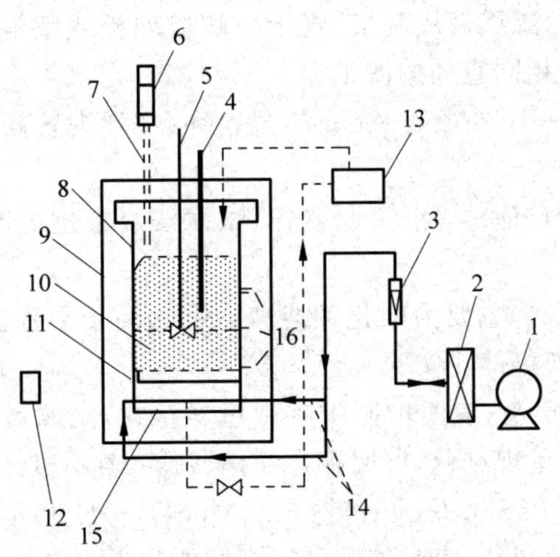

1—空压机；2—缓冲器；3—气体流量计；4—测温装置；5—搅拌装置；6—取样器；7—气体收集管；8—反应器主体；9—保温材料；10—堆料；11—渗滤层；12—温控仪；13—渗滤液收集槽；14—进气管；15—集水区；16—取样口。

图 6-3　有机垃圾堆肥实验装置

内径 390 mm，高 480 mm，总容积 57.32 L。周围用保温材料包裹，以保证堆肥温度。反应器侧面设有取样口，可定期采样。反应器顶部设有气体收集管 7。用医用注射器作取样器 6，定时收集反应器内气体样本。此外，反应器上还配有测温装置 4 和搅拌装置 5。

(3) 渗滤液分离收集系统。反应器底部设行多孔板以分离渗滤液。多孔板用有机玻璃制成，板上布满直径 4 mm 的小孔。多孔板下部的集水区底部为倾斜的锥面，可随时推出渗滤液。渗滤液储存在渗滤液收集槽，需要时可进行回灌，以调节堆肥物含水率。

其他仪器：振动筛、剪刀、烧杯、蒸发皿、温度计、碘、滤纸、大白菜种子、试管。

2. 试剂

纳氏试剂、苯、乙酸、锌粉、硫酸钡 $BaSO_4$、硫酸锰 $MnSO_4 \cdot H_2O$。

四、实验步骤

以下介绍淀粉测定法、氮素实验法、生物可降解度的测定法和耗氧速率法。

1. 淀粉测定法

淀粉与碘可形成配合物，利用反应的颜色变化来判断堆肥的降解程度。当堆肥降解尚未结束时，堆肥物料中的淀粉未完全分解，遇碘形成的配合物呈现蓝色；堆肥完全腐熟时，物料中的淀粉已全部降解，加碘呈黄色。堆肥进程中的颜色变化过程是深蓝色到浅蓝色到灰色到绿色到黄色。

2. 氮素实验法

完全腐熟的堆肥含有硝酸盐、亚硝酸盐和少量氨，未腐熟时则含大量氨而不含硝酸盐。根据这一特点，利用碘化钾溶液遇痕量氨呈黄色、遇过量氨呈棕褐色，Griess 试剂（苯和乙酸的混合液）和亚硝酸盐反应呈红色等现象，分别定性测试堆肥样品中是否含有氨和亚硝酸盐，来判定堆肥是否腐熟。

实验过程如下：

(1) 将少量堆肥样品置于器皿中，徐徐加入蒸馏水并用角匙充分搅拌，同时用角匙试压固态试样表面，当有少量的水渗出时就停止加水。

(2) 将直径为 9 cm 的滤纸裁成两半，置于一块玻璃板或塑料板上，在此两张半圆的滤纸上再放一张未被裁开的相同直径的滤纸。

(3) 在滤纸上面覆以一个外径为 8 cm 的塑料环，在环内装满潮湿的试样，用角匙压实试样使其能够湿透滤纸。

(4) 将环和试样及其下面的滤纸一起拿掉，试样浸液透过上层滤纸清晰地呈现在两张半圆的滤纸上。

(5) 取市售的纳氏试剂(主要为碘化钾溶液)数滴，滴于半张滤纸上，若出现棕褐色，则表明堆肥尚未完全腐熟，即可停止实验。

(6) 若出现黄色或淡黄色，表明堆肥中有少量氨存在，则取另外半张滤纸，在其上滴数滴 Griess 试剂：如果滤纸呈现红色，说明存在亚硝酸盐；若不显红色，接着在滤纸表面撒上少量还原剂(150℃烘干的 $BaSO_4$ 95 g、锌粉 5 g、$MnSO_4 \cdot H_2O$ 12 g 的混合物)；如果不久滤纸出现红色，说明存在硝酸盐，表明堆肥已完全腐熟。

3. 生物可降解度的测定法

本法是一种以化学手段估算生物可降解度的间接测定方法。实验步骤参见第三章实验三。

4. 耗氧速率法

在高温好氧堆肥中，通过好氧微生物在有氧的条件下分解有机物的过程，可使堆肥物质逐渐稳定腐热，此生物化学过程中，O_2 的消耗速率和 CO_2 的生成速率可以反映堆肥的腐熟程度。可通过测氧枪和微型吸气泵将堆层中的气体抽吸至 O_2-CO_2 测定仪，由仪器自动显示堆层中 O_2 或 CO_2 浓度在单位时间内的变化值，以了解堆肥物料的发酵程度和腐熟情况。为提高测定的准确性，可同时对堆层的不同深度、不同位置进行测定。

本法测试中使用的测氧枪由金属锥头和镀锌自来水管组成。测氧枪可制成多个(1～3个)气室，这样用一支枪可采集多个位点的试样。此外，在测试中也可将热敏电阻插头装入枪内，在采集气体的同时测得温度。气体测定时必须注意残留在测氧枪中的气体量的影响，残留气体量可根据测氧枪气室和金属细管容积以及乳胶管的长度和内存求得。在采集下一次的测定试样时，应先将这部分残留气体抽出。

5. 发芽实验

将有机堆肥的干燥样品(105±5)℃与去离子水按 1 ∶ 10(质量体积比)混合振荡 2 h，浸提液在 5000 r/min 下离心分离 20 min，上清液经滤纸过滤后待用。将一张滤纸置于干净无菌的 9 cm 培养皿中，在滤纸上均匀摆放 20 粒阳春大白菜种子，吸取 5 mL 浸提液的滤液于培养皿中，在 25℃暗箱中培养 48 h，计算发芽率并测定根长，然后计算种子的发芽指数。每个样品做 2 个重复，并同时用去离子水作为空白对照。

(1) 将 50 kg 有机垃圾进行剪切破碎，并过筛，控制粒度在 10 mm 左右。

(2) 测定有机垃圾含水率、pH、重金属含量。

(3) 将破碎后的有机垃圾投加到反应器中，控制供气流量为 1 $m^3/(h \cdot t)$。

(4) 在堆肥的刚开始第 1、第 2、第 3、第 5、第 8、第 10、第 15、第 20、第 30 天分别取样测定堆体含水率和堆体温度，从取样口取样测定 CO_2 浓度、O_2 浓度。

(5) 将有机堆肥作为样品进行实验。通过物理方法描述堆肥产品的外观、气味和堆温来评价堆肥的稳定性。

(6) 在不同堆肥时间，每次取样测定淀粉、氮化合物、生物可降解度(BDM)和耗氧速率，从化学方法角度判断腐熟度。

(7) 每次取样进行种子培养实验，并测量种子发芽指数 GI，从生物学角度判断腐熟度。

(8) 调节供气量至 5 $m^3/(h \cdot t)$，重复实验步骤(1)～步骤(7)。

五、数据记录与处理

(1) 记录实验时间、环境和实验主体的温度、气体流量等基本参数；记录实验主体设备的尺寸。

堆肥开始时间：____年____月____日；环境温度：____℃；供气流量：____ $m^3/(h \cdot t)$

(2) 堆肥实验记录数据如表 6-6～表 6-8 所示。

表 6-6　堆肥实验过程记录

项目 堆肥时间	含水率/%	堆温/℃	气体流量/($m^3/(h \cdot t)$)	pH	CO_2 浓度(体积分数)/%	O_2 浓度(体积分数)/%
原始垃圾						
第 1 天						
第 2 天						
第 3 天						
第 5 天						
第 8 天						
第 10 天						
第 15 天						
第 30 天						

表 6-7　堆肥产品物理和化学检测

堆肥时间	物理方法		化学检测			
	表观分析	堆温/℃	淀粉测定	氮素实验	BDM/%	耗氧速率
第 1 天						
第 2 天						
第 3 天						
第 5 天						
第 8 天						
第 10 天						
第 15 天						
第 30 天						

表 6-8　堆肥产品植物发芽指数记录

堆肥时间	样品发芽数	样品根长度/mm	对照发芽数/粒	对照根长度/mm	发芽指数 GI
第 1 天					
第 2 天					
第 3 天					
第 5 天					
第 8 天					

续表

堆肥时间	样品发芽数	样品根长度/mm	对照发芽数/粒	对照根长度/mm	发芽指数 GI
第 10 天					
第 15 天					
第 30 天					

(3) 分析实验数据。

a. 分析堆肥过程中影响堆肥效果的主要因素。

b. 分析堆肥过程中含水率的变化情况。

c. 绘制堆体温度随时间的变化曲线。

d. 比较各种表征方法结果和效果,分析哪种方法可信度更高?

e. 根据实验结果,判断实验堆肥完全腐熟所需要的时间。

六、思考题

(1) C/N、氮化合物、阳离子交换量(CEC)、有机化合物和腐殖质的检测方法的注意事项有哪些?如何根据结果判断堆肥产品腐熟程度?

(2) 种子发芽指数 GI 的测定过程是什么?

实验三　区域内生活垃圾收运路线的设计

伴随着城镇化进程的加速和居民生活水平的提高,城市生活垃圾(municipal solid waste,MSW)产生量逐年增加。目前垃圾问题的解决多集中在垃圾减量化及终端垃圾处理处置。而生活垃圾收运是连接垃圾发生源和处理处置设施的重要环节,在生活垃圾管理中占有重要地位。收集是指生活垃圾由居民区等产生源头到公共存储设备的过程,收运是指车辆按照预定路线对垃圾储存容器收集至转运站或者终端处理场所的过程。收集和清运工作成本较高,其费用占整个垃圾处理的 60%～80%。提高垃圾收运效率,对于降低废物处理处置成本、提高综合利用效率都有重要意义。因此,科学合理地制定收运计划非常关键。

一、实验目的

(1) 掌握校园、工业园区、生活小区等区域垃圾收集路线的设计原则和设计方法。

(2) 掌握拖曳容器法和固定容器法中收集距离和收集时间的计算方法。

(3) 能够初步设计小区、校园区域内垃圾收运路线。

二、实验原理

生活垃圾收运网络是垃圾收运系统的重要组成部分。一旦装备和劳动力的要求被确定下来,就必须设置收运节点,设计收运路线。通常,收运路线的规划包括一系列试验,需要反复试算,没有一套通用规则能用于所有情形。收运路线的主要目标是收运车如何通过一系列的街道行驶,以使得整个行驶距离最小,也就是空载行程最小。在设计路线时一般应注意以下原则:

(1) 需制定收集区域有关收集点和收集频率的政策和规则。

(2) 平衡工作量,使得每个作业、每条路线的收集运输时间都大致相等。

(3) 收集路线最后一个收集容器应该离处置点或者出口最近。

(4) 垃圾收集量大的地方,收集尽量避开高峰时间。

(5) 收集路线尽可能开始和结束在主干道。

(6) 山上废物应尽量在下山时收集。

三、实验步骤

1. 收集路线的设计步骤

以校园、住宅小区或者某工业园区为例,进行收集服务区域内垃圾收运路线的设计。

(1) 在一张校园、住宅小区或者工业园区地图上,准确标出垃圾产生源的数据与信息以此进行收集点和容器的设计。在地图上标出垃圾清运区域边界、道口、车库和垃圾收集点的数据(包括位置、收集频率、收集容器的数量),以此确定收集点和收集容器的总数量。

某校园垃圾清运情况如图 6-4 所示。

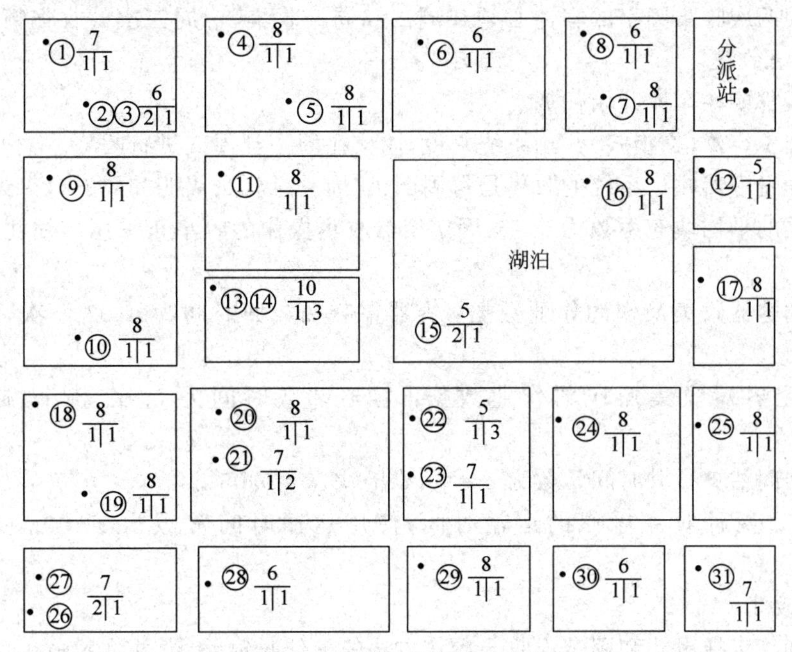

图 6-4 某校园垃圾清运情况

$\frac{SW}{N/F}$ SW 单位容器垃圾量,m^3

N 容器数量

F 收集频率,次/周

O 容器编号

1000 500 0 1000

单位:m

(2) 数据分析。准备记录数据需要的表格(表 6-9),在表格中输入以下信息:收集频率、收集点数量、收集容器总数、收集次数、在一周中每天要收集的垃圾数量。确定一周中要多次收集的收集点数量,将数据填入表格。按照每周需要的最高收集次数(例如 5 次/周)的收集点进行列表。最后,分配每周一次的收集点的容器的数量,以便每天清空的容器的数量与每个收集日相平衡。

表 6-9　垃圾收运安排表

收集频率/(次/周)	收集点数目/个	容器总数目/个	趟数/(趟/周)	每日出空容器数/个				
				周一	周二	周三	周四	周五
3								
2								
1								
总计								

(3) 初步设计收集路线。从车库开始初步设计每天的收集路线，并标注在地图上。

(4) 对初步路线进行评估，计算行驶距离，寻找最小行驶距离(空载行程最小)。

2. 收集路线的已知条件

假设应用以下已知条件：

(1) 移动式和固定式收集操作方法均在每日 8 h 内完成收集任务，非收集系数均设为 0.15。

(2) 一周两次收集频率的容器必须在周二和周五收集，一周三次的收集频率必须在周一、周三和周五收集。

(3) 每天都要在车库开始任务。

(4) 对拖曳容器(交换式)收运系统来说，应该在周一到周五进行收集。

(5) 对固定容器收运系统的收集是每周四天(周一、周二、周四和周五)，每天一趟。

(6) 容器的平均填充系数为 0.75，固定容器收集操作的收集车采用压缩比为 2.5 的后装式压缩车。

(7) 移动容器收集操作的作业数据：容器集装和放回时间为 0.02 h/次，卸车时间为 0.03 h/次。

(8) 固定容器收集操作的作业数据：容器卸空时间为 0.02 h/个，卸车时间为 0.20 h/次。

(9) 容器间估算行驶时间常数为 $a=0.06$ h/次，$b=0.05$ h/km。

(10) 确定两种收集操作的运输时间，使用运输时间常数为 $a=0.06$ h/次，$b=0.025$ h/km。

3. 设计要求

(1) 分别确定拖曳式和固定式收集操作方法的最佳收集路线，并将其画在主图上。

(2) 计算固定容器收集操作收集车的数量、容积，以及工作人员的配备。

(3) 确定工人每天的工作时间。

(4) 在地图上标注周一到周五的收集路线。

四、思考题

(1) 实验中何种清运方式更为合理有效？说明理由。

(2) 设计区域内收运路线时应该考虑哪些影响因素？

参考文献

[1] 董飞,扶漪红,吴笑天,等.城市生活垃圾分类治理:现实困境与实践进路[J].城市发展研究,2021,28(2):110-116.

[2] ERIKSSON O,CARLSSON R M,FROSTELL B,et al. Municipal solid waste management from a systems perspective[J]. Journal of Cleaner Production,2005,13(3):241-252.

[3] 左诗雨.上海生活垃圾分类政策执行的公众参与研究:以徐汇区 HM 街道三个社区为例[M].上海:华东理工大学,2021.

[4] 赵由才,赵天涛,宋立杰.固体废物处理与资源化实验[M].2版.北京:化学工业出版社,2018.

[5] 张大磊,孙英杰,袁宪正.固体废物处理处置实验技术[M].北京:中国电力出版社,2017.

[6] 蒋建国.固体废物处置与资源化[M].2版.北京:化学工业出版社,2013.

[7] 聂永丰.环境工程技术手册——固体废物处理工程技术手册[M].北京:化学工业出版社,2013.

[8] 贺图升,赵旭光,赵三银,等.利用容积法校正李氏比重瓶[J].实验室研究与探索,2011,30(8):263-266.

[9] TSAI C C,WANG K S,CHIOU I J. Effect of SiO_2-Al_2O_3-flux ratio change on the bloating characteristics of lightweight aggregate material produced from recycled sewage sludge[J]. Journal of Hazardous Materials,2006,B134:87-93.

[10] 徐国仁,邹金龙,孙丽欣.污泥作为添加剂制备轻质陶粒的试验研究[J].哈尔滨工业大学学报,2007,(4):557-560.

[11] XU G R,ZOU J L,LI G B. Ceramsite obtained from water and wastewater sludge and its characteristics affected by (Fe_2O_3+CaO+MgO)/(SiO_2+Al_2O_3)[J]. Water Research,2009,43(11):2885-2893.

[12] ZOU J L,XU G R,LI G B. Ceramsite obtained from water and wastewater sludge and its characteristics affected by Fe_2O_3,CaO,and MgO[J]. Journal of HazardousMaterials,2008,165(1):995-1001.

[13] 徐振华.污水厂污泥与河道底泥联合高温烧结制备陶粒的技术研究[D].北京:清华大学,2012.

[14] 黄晶.脱水污泥资源化利用研究[D].重庆:重庆大学,2009.

[15] 卢雪霏.不同烧结方式和烧结制度对城市污泥陶粒性能的影响研究[M].沈阳:沈阳建筑大学,2020.

[16] RILEY C M. Relation of chemical properties to bloating of clays[J]. Jouronal of the American Ceramic Society,1951,34:121-128.

[17] 郑芹芹,金莉莉,吴正浩,等.茶叶基质对胆碱酯酶活性干扰水平的研究进展[J].中国茶叶,2022,44(2):1-9.

[18] 郝莉花,巩凡,乔青青,等.食品安全抽检环节芹菜中10种有机磷农药的残留降解规律研究[J].食品安全质量检测学报,2022,13(2):620-627.

[19] 杨阳.浅谈果蔬中农药残留检测方法[J].河南农业,2021(31):27.

[20] 叶妙玲.农药残留速测仪在蔬菜农残检测中的合理运用[J].现代食品,2018(10):147-149.

[21] 宋桂兰.仪器分析实验[M].2版.北京:科学出版社,2015.

[22] 赵晓坤.紫外吸收光谱在有机化合物结构解析中的应用[J].内蒙古石油化工,2007(11):171-173.

[23] 孟昭瑞,高宁.有机化合物的紫外光谱分析[J].西部资源,2017(6):179-182.

[24] 魏学锋,汤红妍,牛青山.环境科学与工程实验[M].北京:化学工业出版社,2018.

[25] 蒋建国.固体废物处置与资源化[M].北京:化学工业出版社,2007.

[26] 沈阳.超声空化的理论研究及影响因素的模拟分析[D].沈阳:东北大学,2014.

[27] HARRIS P W,MCCABE B K. Review of pre-treatments used in anaerobic digestion and their potential application in high -fat cattle slaughterhouse wastewater[J]. Applied Energy,2015,155:560-575.

[28] CHU C P, LEE D J, CHANG B V, et al. "Weak" ultrasonic pre-treatment on anaerobic digestion of flocculated activated biosolids[J]. Water Research, 2002, 36(11): 2681-2688.

[29] 殷绚，阙子龙，吕效平，等. 超声波声强及处理时间对污泥结合水含量的影响[C]. 全国化学工程与生物化工年会，2004.

[30] 邱高顺. 超声波法调理污泥脱水效果研究[J]. 化学工程与装备，2015(3)：231-233.

[31] GUO Z R, ZHANG G, FANG J, et al. Enhanced chromium recovery from tanning wastewater[J]. Journal of Cleaner Production, 2006, 1(14): 75-79.

[32] 杨金美，张光明，王伟. 超声波强化一次污泥沉降与脱水性能的研究[J]. 应用声学，2006，25(4)：206-211.

[33] 洪飞，金文全，朱辉，等. Fenton-絮凝联合调理对污泥脱水性能影响[J]. 南京工业大学学报(自然科学版)，2020，42(2)：200-206.

[34] 齐永正，王逸，朱忠泉，等. 污泥脱水处理技术研究综述[J]. 辽宁化工，2020，49(9)：1117-1120.

[35] 赵由才，赵天涛，宋立杰，等. 固体废物处理与资源化实验[M]. 2版. 北京：化学工业出版社，2021.

[36] 张强，卜玉山. 污泥对不同土壤全氮和有机质及重金属含量的影响[J]. 山西农业科学，2017，45(3)：433-437.

[37] 桑迪，王爱国，孙道胜，等. 利用工业固体废弃物制备烧胀陶粒的研究进展[J]. 材料导报，2016，30(9)：110-114.

[38] SWIERCZEK L, CIESLIK B M, KONIECZKA P. The potential of raw sewage sludge in construction industry-A review[J]. Journal of Cleaner Production, 2018, 200: 342-356.

[39] 高明磊. 利用钢渣制备陶粒的实验研究[D]. 沈阳：东北大学，2010.

[40] 彭小乐. 不同改性污泥陶粒对室内甲醛的吸附研究[D]. 重庆：西南大学，2019.

[41] 李军. 不同供氧方式对污泥好氧堆肥腐殖质还原 Fe^{3+} 能力的影响[D]. 桂林：桂林理工大学，2020.

[42] 孙伟，匡科，严兴，等. 污泥好氧堆肥对 PAHs 的处理效果和抗生素及抗性基因消解效果[J]. 环境科学研究，2021，34(7)：1757-1763.

[43] 黄俊熙，严兴，雷芳，等. 添加辅料对污泥堆肥产品的生物肥效的影响[J]. 环境工程，2021，39(3)：142-147.

[44] 毛宇翔，李涵，职音，等. 城市污泥好氧堆肥过程中 DOM 的光谱动态变化特征[J]. 安全与环境学报，2021，21(2)：794-803.

[45] 党娅倩. 市政污泥好氧堆肥工艺优化及微生物群落组成研究[D]. 邯郸：河北工程大学，2020.

[46] ZHEN F, JR R, QI X. Production of Biofuels and Chemicals with Ultrasound[M]. Dordrecht: Springer Netherlands, 2015.

[47] MOTTET A, FRANÇOIS E, LATRILLE E, et al. Estimating anaerobic biodegradability indicators for waste activated sludge[J]. Chemical Engineering Journal, 2010, 160(2): 488-496.

[48] 江映，袁方. 原子吸收光谱法在土壤环境中的应用[J]. 化工设计通讯，2020，46(11)：159-160.

[49] 贡利伟，郑慧艳. 原子吸收光谱法测定土壤、蘑菇和植物样品中的重金属[J]. 山东化工，2020，49(14)：101-102，107.

[50] 王晨希，黄晶. 微波消解-火焰原子吸收光谱法测定土壤和沉积物中的重金属[J]. 化学分析计量，2018，27(6)：64-68.

[51] 白玲，石国荣，王宇昕. 仪器分析实验[M]. 2版. 北京：化学工业出版社，2017.

[52] 张大磊，孙英杰，袁宪正. 固体废物处理处置实验技术[M]. 北京：中国电力出版社，2017.

[53] 聂永丰. 三废处理工程技术手册：固体废物卷[M]. 北京：化学工业出版社，2000.

[54] 张妍，蒋建国，邓舟，等. 焚烧飞灰磷灰石药剂稳定化技术研究[J]. 环境科学，2006，27(1)：189-192.

[55] 贺杏华，侯浩波，张大捷. 水泥对垃圾焚烧飞灰的固化处理试验研究[J]. 环境污染与防治，2006，28(6)：425-428.

[56] 魏学锋，汤红妍，牛青山. 环境科学与工程实验[M]. 北京：化学工业出版社，2018.

[57] 中华人民共和国生态环境部,水质 氨氮的测定 纳氏试剂分光光度法：HJ 535—2009[S].北京：中华人民共和国生态环境部,2009.

[58] 肖书展.龙湾健康养老城生活垃圾收运网络优化设计[D].辽宁：辽宁工程技术大学,2020.

[59] 梁志萍,谢雪珍,段罗敏,等.氨基化改性甘蔗渣及其对铬的吸附[J].食品工业,2021,42(5)：217-221.

[60] 余伟,陈炜,杨琥.改性纤维素阻垢剂在反渗透膜结垢控制中的应用研究[J].中国科学：技术科学,2022,52(3)：431-446.

[61] 赵冬梅,刘宇,初小宇,等.核壳结构载药纤维的制备与研究[J].化工新型材料,2020,48(12)：129-132.

[62] 张光,吕铭守,张思琪,等.米糠膳食纤维双酶法改性研究[J].包装与食品机械,2020,38(5)：13-18.

[63] 李梓泳,马憬希,赵明,等.羧甲基纤维素-大豆分离蛋白农药缓释颗粒的制备及性能[J].化工进展,2021,40(5)：2739-2746.

[64] 陈龙,周红军,江海科,等.叶面亲和型阿维菌素微胶囊的制备及 pH 响应性释放性能[J].化工进展,2020,39(1)：348-355.

[65] 林丹.基于纤维素/壳聚糖水凝胶的合成及其对亚甲基蓝染料吸附性能的研究[D].兰州：西北师范大学,2016.

[66] 杨韶平.环境敏感型纤维素基水凝胶的制备及其吸附性能研究[D].广州：华南理工大学,2010.

[67] 张常虎.淀粉基絮凝剂的制备及其对污水中 Pb^{2+} 的去除研究[J].化工新型材料,2017,45(7)：161-163,167.

[68] 王晖强,刘明华.一种阳离子型淀粉基絮凝剂的制备[J].化学研究与应用,2016,28(12)：1699-1703.

[69] 刘婷婷,张道洪.淀粉接枝丙烯酰胺的制备及其在造纸污水处理中的应用[J].化学与生物工程,2015,32(12)：59-62,66.

[70] 廖益强,卢泽湘,郑德勇,等.改性淀粉絮凝剂的制备及其在造纸废水处理中的应用[J].中国造纸学报,2015,30(2)：34-38.

[71] 秦贞贞.高分子絮凝剂的制备及其对重金属离子吸附性能的研究[D].扬州：扬州大学,2015.

[72] 张倩倩.环境友好型改性淀粉复合絮凝剂的制备和应用初步研究[D].苏州：苏州科技学院,2011.

[73] 邓洁璇,姜颖,范耐茜,等.高分子絮凝剂改性淀粉的制备及其性能[J].化工进展,2009,28(S1)：180-182.

[74] 岳钦艳,高宝玉,苗晶,等.聚合氯化铁混凝剂的电性及除浊性能研究[J].工业水处理,2002,22(12)：39-43.

[75] 左椒兰.改性淀粉在水处理中的应用研究[D].武汉：武汉理工大学,2003.

[76] 李巧云,陈文瑞,黄修行.浅析国内外火电厂粉煤灰的综合利用现状[J].红水河,2019,38(6)：46-50.

[77] 中华人民共和国生态环境部.2020 年全国大、中城市固体废物污染环境防治年报[R].北京：中华人民共和国生态环境部,2020.

[78] YAO Z T,JI X S,SARKER P K,et al. A comprehensive review on the applications of coal fly ash[J]. Earth-Science Reviews,2015,141：105-121.

[79] BHATT A,PRIYADARSHINI S,MOHANAKRISHNAN A A,et al. Physical,chemical,and geotechnical properties of coal fly ash：A global review[J]. Case Studies in Construction Materials,2019,11.

[80] 张静.粉煤灰综合利用研究进展[J].河南化工,2019,36(2)：12-17.

[81] XING Y,GUO F,XU M,et al. Separation of unburned carbon from coal fly ash：A review[J]. Powder Technology,2019,353：372-384.

[82] RAM L C,MASTO R E. Fly ash for soil amelioration：A review on the influence of ash blending with inorganic and organic amendments[J]. Earth-Science Reviews,2014,128：52-74.

[83] SAIKIA N,KATO S,KOJIMA T. Compositions and leaching behaviors of combustion residues[J]. Fuel,2006,85(2)：264-271.

[84] 朱学文.AMPS 和丙烯酸共聚合反应及应用研究[D].广东工业大学,2002.